Isaac Asimov

EL CODIGO GENETICO

PLAZA & JANES, S. A.
Editores

Título original:
THE GENETIC CODE

Traducción de
ANA M.ª DE LA FUENTE

Portada de
SOLE-SPAGNUOLO

Primera edición: Marzo, 1982

Virgen de Guadalupe, 21-33. Esplugues de Llobregat (Barcelona)

Este libro se ha publicado originalmente en inglés con el título de
THE GENETIC CODE

(ISBN: 0-451-61659-6. A Signet Book from New American Library. New York.
Ed. original.)

Printed in Spain — Impreso en España

ISBN: 84-01-33200-1 — Depósito Legal: B. 12.768 - 1982

ÍNDICE

INTRODUCCIÓN: EL DESCUBRIMIENTO 9

CAPÍTULO PRIMERO

HERENCIA Y CROMOSOMAS

Antes de la ciencia 23
Genética 25
División celular 27

CAPÍTULO II

DE IMPORTANCIA PRIMORDIAL

La sustancia del cromosoma 35
Variedad 39
Mayor variedad 41
Enzimas en desorden 44

Capítulo III

EL LENGUAJE DE LA QUÍMICA

Átomos 49
Moléculas 53
Cadenas de carbono 56
Carbono en anillos 62

Capítulo IV

LAS PIEZAS DE CONSTRUCCIÓN DE PROTEÍNAS

Moléculas gigantes 71
Aminoácidos 74
Cadenas secundarias 78
De la palabra a la frase 89

Capítulo V

FIGURA DE LA PROTEÍNA

Número y orden 97
La configuración. Versión pequeña 101
La configuración. Versión grande 107
La configuración y su potencial 112

Capítulo VI

LOCALIZACIÓN DEL CÓDIGO

El patrón 117
La caída de la proteína 120
Auge del ácido nucleico 124

Capítulo VII

EL COMPUESTO CENICIENTA

Fósforo 131
Las dos variedades 135
Purinas y pirimidinas 138
Ensambladura de las piezas 142

Capítulo VIII

DE CADENA A HÉLICE

Longitud de la cadena 151
Diversidad de la cadena 153
Entra la hélice 157

Capítulo IX

FILAMENTOS COMPLEMENTARIOS

La combinación purina/pirimidina 165
Dos por uno 169
Errores 175
Filamentos hechos por el hombre 179

Capítulo X

EL MENSAJERO DEL NÚCLEO

Usos del ARN 185
El lugar de la síntesis 189
El ARN en el lugar de la síntesis 192
Confección de la clave 194

CAPÍTULO XI

DESCIFRANDO EL CÓDIGO

Los tríos 201
Utilización del ARN mensajero 207
Diccionario de los tríos 210

CAPÍTULO XII

EL FUTURO

Ingeniería subcelular 219
El objetivo final 222

ÍNDICE DE MATERIAS 227

INTRODUCCIÓN

EL DESCUBRIMIENTO

Todos nosotros, aun sin darnos cuenta, estamos viviendo las etapas iniciales de uno de los más importantes descubrimientos científicos de la Historia.

Desde el nacimiento de la Química moderna, acaecido poco antes de 1800 hasta hace unos años, los biólogos se preguntaban cuál es la naturaleza de la vida, sin hacer más que cortos avances en torno al tema. Algunos, desanimados, se resignaban a dar por insoluble el misterio de la vida y sus mecanismos, algo que el cerebro del hombre nunca podría comprender.

Hasta que llegó la década de los 40. Mientras la guerra convulsionaba al mundo, un apasionado afán de creación se apoderó de los hombres de ciencia de todas las naciones. (Esta relación entre guerra y creatividad se ha advertido ya en otras ocasiones, aunque rara vez se ha pretendido utilizarla a modo de excusa de la guerra.)

Los bioquímicos ya habían aprendido a usar átomos radiactivos en sus investigaciones sobre organismos vivos. Los incorporaban a compuestos, a fin de poder seguir éstos por el cuerpo. Cuando, en los años 1940, gracias al reactor nuclear, se pudo disponer de átomos con mayor facilidad, los bioquímicos los utilizaron para desenredar algunos de los hilos que forman el complicado entramado de la química corporal.

También en aquella década los bioquímicos aprendieron a separar los componentes de heterogéneas mezclas utilizando simplemente una hoja de papel absorbente, disolventes ordinarios y una caja hermética. Por otra parte, utilizaban también complicadísimos instrumentos: microscopios electrónicos que aumentaban los objetos cientos de veces más que los microscopios corrientes, espectrógrafos para determinar las masas que seleccionaban los átomos uno a uno, etcétera.

También en aquella década se dio el primer paso para realizar la delineación rigurosa de la fina estructura de las moléculas gigantes que forman el tejido vivo.

Pero el gran descubrimiento se hizo en 1944, cuando un científico llamado O. T. Avery y dos colegas suyos estudiaron una sustancia capaz de transformar una cepa bacteriana en otra. La sustancia era el ácido desoxirribonucleico, conocido por las siglas ADN o DNA, según su denominación inglesa.

Para el profano, este descubrimiento puede parecer poco importante. Sin embargo, echó por tierra conceptos que los biólogos y los químicos daban por descontados desde hacía un siglo. Imprimió una nueva dirección a la investigación de la naturaleza de la vida e impuso nuevos métodos de estudio. La rama de la Ciencia que ahora se llama «Biología Molecular» recibió un gran impulso.

En menos de veinte años se resolvieron problemas que se creían insolubles, y se corroboraron opiniones que parecían fantásticas. Los hombres de Ciencia entraron en una carrera en pos de nuevos logros y muchos de ellos salieron victoriosos.

Las consecuencias son casi incalculables, pues la visión clara y fría de la Ciencia moderna ha penetrado en el estudio del hombre hasta un nivel más profundo que en cualquier otro momento de sus tres siglos y medio de existencia.

La Ciencia tal como la conocemos nosotros empezó hacia el 1600, cuando el gran investigador italiano Galileo popularizó el método de aplicar métodos cuantitativos a la observación, tomar medidas exactas y abstraer generalizaciones que pudieran expresarse en forma de simples relaciones matemáticas.

Galileo obtuvo sus triunfos en el campo de la mecánica, en el estudio del movimiento y de las fuerzas, campo que, hacia finales del siglo XVII, fue ampliado en gran medida por un científico inglés, Isaac Newton. El movimiento de los cuerpos celestes se interpretaba según las leyes de la mecánica; los fenómenos complejos se deducían de suposiciones básicas y simples y la Astronomía, al igual que la Física, empezó a tomar la forma moderna.

La Física siguió avanzando y floreciendo por el camino que marcó el gran descubrimiento de Galileo. En el siglo XIX se domeñaron la electricidad y la fuerza magnética y se establecieron teorías que explicaban satisfactoriamente los fenómenos electromagnéticos.

Con la llegada del siglo XX, el descubrimiento de la radiactividad y el desarrollo de la teoría de los cuantos y la de la relatividad llevaron la Física a un terreno más complejo y sofisticado.

Entretanto, a finales del siglo XVIII, el químico francés Lavoisier aplicaba los métodos de la medición cuantitativa al ámbito de la Química, y esta rama del conocimiento se convertía en una ciencia propiamente dicha. El siglo XIX trajo el desarrollo de nuevas y fecundas teorías sobre átomos e iones. Se realizaron grandes generalizaciones: se establecieron las leyes de las electrolisis y se confeccionó la tabla periódica. Los químicos aprendieron a obtener, por medio de la síntesis, productos que no se encontraban en la Naturaleza y a veces, para ciertas aplicaciones específicas, los productos sintéticos resultaban más útiles que los naturales.

Hacia finales del siglo XIX empezó a desdibujarse la divisoria entre Química y Física. Florecieron nuevas ramas del conocimiento como la Química Física y la Termodinámica Química. En el siglo XX, la teoría de los cuantos permitió determinar la manera en que se unen los átomos para formar moléculas. En la actualidad, cualquier división entre la Química y la Física es puramente artificial, ya que ambas forman una sola ciencia.

Y mientras la mente humana conquistaba estas brillantes victorias sobre el universo inanimado, mientras las ciencias físicas se agigantaban, ¿qué ocurría con las ciencias de la vida?

No habían quedado estancadas, desde luego, sino que avanzaban a grandes pasos. El siglo XIX, por ejemplo, presenció tres importantes descubrimientos.

Hacia 1830, los biólogos alemanes Schleiden y Schwann definieron la teoría celular. En su opinión, todos los seres vivos estaban formados por células microscópicas que eran las verdaderas unidades de la vida.

Hacia 1850, el naturalista inglés Darwin desarrolló una teoría de la evolución que abarcaba en un todo la vida pasada y presente. Aquella teoría es la base de la Biología moderna.

Finalmente, hacia 1860, el químico francés Pasteur propugnó la teoría de los gérmenes de la enfermedad. Hasta entonces, los médicos no empezaron a saber lo que hacían realmente y la Medicina pasó a ser algo más que una profesión que se practicaba a la ventura y se dejaba en manos de Dios. De entonces data el fuerte descenso del índice de mortalidad y el espectacular aumento del promedio de vida.

Sin embargo, estos descubrimientos de las ciencias de la vida, por apasionantes que resulten, no son de naturaleza parecida a los realizados en Física y Química: son descriptivos, cualitativos, no exigen la aplicación de mediciones exactas. No son generalizaciones que permiten hacer predicciones confiadas ni manipular expertamente alguna faceta del universo.

Esta disparidad en el avance realizado en los distintos campos de la Ciencia ha sido causa de desesperación para muchos estudiosos de las humanidades. A medida que el hombre profundizaba y robustecía sus conocimientos del universo que le rodea, adquiría un mayor poder. Del dominio de la pólvora pasó al de los explosivos de gran potencia y bombas nucleares. Descubrió nuevos venenos, químicos y biológicos. Incluso dispone de un nuevo «rayo de la muerte» en forma de un instrumento llamado láser que promete también grandes avances en el campo de las comunicaciones, la industria e, incluso, la Medicina, si es que podemos dedicarnos a desarrollar sus usos pacíficos.

El hombre siempre ha sido propenso a utilizar sus conocimientos para provocar el dolor y la destrucción; propensión que ha demostrado desde que aprendió a utilizar el fuego y empuñó por primera vez un palo. Pero en la década de los 40, por primera vez en la Historia, dispuso de unos conocimientos que le capacitan para destruir la especie humana y, quizá, toda manifestación de vida.

La Ciencia ha puesto todos estos conocimientos al alcance de los seres humanos; pero el ser humano en sí continúa siendo un enigma para la Ciencia.

Pero, ¿y las «ciencias de la sociedad»? Grandes cerebros han estudiado detenidamente los impulsos psicológicos, «normales» y patológicos. Otros han estudiado las sociedades y civilizaciones creadas por el hombre. Sin embargo, ni la psicología ni la sociología han hecho más que arañar la superficie del tema ni han pasado de la fase puramente descriptiva. Ni una ni otra son lo que un químico, un físico o un fisiólogo avezado en mediciones cuantitativas llamaría «Ciencia»; ni con el mayor esfuerzo y mejor voluntad, ni psicólogos ni sociólogos han descubierto aún «qué es lo que hace correr a Juanito».

De manera que no tenemos más remedio que afrontar esta verdad: en la actualidad el hombre sabe lo suficiente para matar a mil millones de hombres en un solo día por un acto de su voluntad; pero aún no alcanza a comprender lo que impulsa ese acto de la voluntad.

«Conócete a ti mismo», exhortaba Sócrates hace 2.500 años. Y mejor será que la Humanidad aprenda a conocerse; ya que, de lo contrario, estamos perdidos.

Por supuesto, las ciencias físicas han invadido el territorio de la Biología, anexionando una zona fronteriza aquí y haciendo una penetración allá. Los físicos han estudiado la contracción muscular y la tensión eléctrica del cerebro. Los químicos han tratado de averiguar las reacciones químicas que se producen en los tejidos vivos. La mayor parte del campo de la Biología, sin embargo, permanecía inaccesible y los científicos no pasaban de pellizcar la periferia, hasta la gran década de los 40.

Luego, en 1944, casi de golpe, el problema central de la vida —del crecimiento, reproducción, herencia, la diferenciación de la célula del nuevo original, tal vez el auténtico funcionamiento de la mente— quedó expuesto al escalpelo de las ciencias físicas.

Entonces, por primera vez, el hombre puso el pie en el camino real de la verdadera *ciencia* de la vida, camino que puede (y debe) conducir a una comprensión de la vida y la mente tan detallada como la que se posee de los átomos y las moléculas.

Desde luego, esta comprensión podría ser mal utilizada, servir de instrumento para una nueva atrocidad: el control científico de la vida podría favorecer los designios de una nueva tiranía. O no; porque, debidamente utilizada, podría desterrar, o por lo menos controlar, la mayoría de los males, físicos o mentales, que aquejan al hombre. También podría poner las terribles fuerzas de la Naturaleza en manos de una especie que se comprendiera y se controlara, una especie, en suma, a la que se pudiera confiar el poder de decidir en cuestiones de vida y muerte.

Quizá ya sea tarde; quizá la locura del hombre nos llevará a todos a la destrucción antes de que los nuevos conocimientos puedan fructificar. Pero, por lo menos, ahora podemos intentar ganar la carrera.

Y quizá sólo tengamos que resistir durante una o dos generaciones; porque la velocidad a la que avanza la nueva ciencia es asombrosa.

Veamos...

En 1820, un físico danés llamado Oersted advirtió que la aguja de una brújula oscilaba cuando se acercaba a un hilo conductor de corriente eléctrica. Esta observación fortuita fue el primer paso en la asociación de los fenómenos de la electricidad y el magnetismo.

Fue una simple observación. Casi nadie podía prever sus consecuencias. Las investigaciones derivadas de la observación de Oersted, sin embargo, permitieron el desarrollo de motores y generadores eléctricos y el invento del teléfono, todo en menos de un cuarto de siglo. Sesenta años después, se inventaba la lámpara incandescente y se iniciaba la electrificación del mundo.

En 1883, Thomas Edison observó que si se introducía una placa de metal en una bombilla y se colocaba cerca del filamento caliente, se conseguía que una corriente eléctrica circulara por el vacío entre el filamento y la placa en una dirección, pero no en la otra.

El propio Edison no advirtió la importancia del descubrimiento, pero otros repararon en ella. El «efecto Edison» se utilizó en lo que ahora se llaman «lámparas de radio» y nació la electrónica. Antes de que transcurrieran 40 años, la radio se había convertido en una nueva fuerza de la actividad humana. Y antes de 60 años, la televisión estaba sustituyendo a la radio y la electrónica se aplicaba a la construcción de gigantescas computadoras.

En 1896, el físico francés Becquerel observó que una película fotográfica se velaba en presencia de un compuesto de uranio, aunque estuviera envuelta en papel negro. Al parecer, el uranio emitía rayos penetrantes (aunque invisibles) y aquella observación abrió a la Ciencia un mundo nuevo dentro del átomo.

Después de un cuarto de siglo del descubrimiento de Becquerel, los científicos atómicos desintegraban átomos; después de otro cuarto de siglo, desintegraban ciudades. Al cabo de 60 años, las centrales nucleares suministraban energía para usos civiles y los físicos avanzaban a marchas forzadas en busca de la energía termonuclear artificial que cubriría nuestras necesidades de energía durante millones de años.

En 1903, los hermanos Wright pilotaron la primera máquina voladora más pesada que el aire. Era poco mayor que una cometa grande con un motor exterior y consiguió elevarse unos metros antes de caer, a los pocos segundos. Pero al cabo de sesenta años los descendientes de aquel primer aeroplano, nuestros potentes reactores, transportan a más de un centenar de pasajeros de un extremo a otro de océanos y continentes a velocidades supersónicas.

En 1926, Goddard lanzó un cohete, el primer cohete propulsado por combustible y oxígeno líquidos que alcanzó una altura de 55 metros y una velocidad de 100 kilómetros/hora.

Pero la tecnología de los cohetes avanzó rápidamente y, a los 35 años, se construían unidades capaces de poner a los hombres en órbita alrededor de la Tierra, a una distancia de más de 160 kilómetros y a una velocidad de casi 29.000 kilómetros/hora. Parece indudable que antes de que transcurra otro cuarto de siglo el hombre llegará a la Luna y establecerá en ella bases científicas.*

Sesenta años, pues, parecen ser el intervalo típico entre el descubrimiento y el pleno desarrollo. Puesto que los científicos estudiaron en 1944 una sustancia a la que llamaron ADN y puesto que su descubrimiento revolucionó con tremenda fuerza las ciencias de la vida, confío en que —si sobrevivimos— en el año 2004 la Biología Molecular alcanzará cotas que apenas pueden imaginarse ahora. Muchos de nosotros lo veremos. Y, si llegamos al año 2004 sanos y salvos, el hombre puede ser lo bastante sabio como para garantizar su propia seguridad incluso contra la posibilidad de la autodestrucción.

Este libro intenta explicar los antecedentes del descubrimiento; su significado y sus consecuencias inmediatas y, por último, predecir lo que este descubrimiento puede traer en el futuro: lo que puede ser el mundo en el año 2004, visto con ojos ilusionados.

* Este libro está escrito en 1962. Siete años después, en julio de 1969, el hombre ponía, efectivamente, el pie en la Luna.

Capítulo primero

HERENCIA Y CROMOSOMAS

ANTES DE LA CIENCIA

Toda mujer sabe cuándo es madre. Ella sabe que el hijo es suyo porque ha salido de su propio cuerpo.

El concepto de la paternidad es ya más difícil de determinar. El hombre primitivo tardó algún tiempo en darse cuenta de que él desempeñaba un papel importante en la creación de un niño. Pero acabó por advertirlo, y cuando surgieron las primeras civilizaciones la idea de la paternidad estaba establecida.

Una vez se asumió el concepto de la paternidad, la familia adquirió un nuevo significado. Un niño ya no era algo que le llegaba inexplicablemente a una mujer, causando inconvenientes al hombre que en aquel momento fuera con ella; también formaba parte del hombre, era el fruto vivo y rejuvenecido de su cuerpo.

De estorbo, el niño se convirtió en símbolo de inmortalidad: una criatura que, cuando el padre muriera, seguiría viva y podría representar a la familia. El niño formaba parte de un grupo que se proyectaba hacia el futuro, cuyos actos honraban o deshonraban a todo el grupo, vivos, muertos y por nacer. (La Biblia contiene múltiples referencias a la tragedia de la esterilidad que significaba la muerte de una familia.)

Al mismo tiempo que se captaba la idea de la paternidad, surgía, inevitablemente, el concepto de la herencia de cualidades y características. En primer lugar, muchos hijos se parecían visiblemente al padre. Ésta fue, en un principio, la señal inequívoca de que el marido de la madre era el padre de la criatura.

De este reconocimiento a pensar que el hijo debe heredar también las cualidades intangibles del padre: valor, temperamento y ciertas habilidades, no media más que un paso. Si un hombre se ha mostrado apto para mandar, es de suponer que el hijo poseerá también aquellas cualidades que valieron el mando a su padre. Por lo tanto, era lógico que la dignidad real pasara de padre a hijo.

Esta noción de la existencia de una unidad orgánica que entrelazaba firmemente a las generaciones mediante la transmisión de unas características, dio origen a fenómenos tales como el culto a los antepasados, enemistades y venganzas, aristocracias, sistemas de castas y hasta racismo.

Esta noción de la familia aún subsiste entre nosotros. Muchas de las ideas estrictamente tribales del hombre primitivo se han desterrado, pero todos sabemos exactamente qué queremos decir cuando afirmamos que fulano es «de buena familia».

Todavía nos sentimos inclinados a hacer recaer en los hijos los pecados de los padres al suponer que los hijos de padres que «no han hecho carrera» tampoco van a hacerla.

La noción de la herencia de unas características, de la transmisión de ciertas cualidades de padres a hijos es, pues, una de las más antiguas, extendidas y arraigadas mantenidas por la especie humana. Es también una de las más importantes, si se tiene en cuenta la manera en que ha afectado la estructura de la sociedad.

Todo aquello que pueda explicar razonadamente la manera en que se produce esta transmisión de características, convirtiéndola de tradición intuitiva en conocimiento científico, ha de ser forzosamente del mayor interés e importancia.

GENÉTICA

Hasta la década de los 60 del siglo pasado no se hicieron verdaderos experimentos con el mecanismo de la herencia. Fue entonces cuando empezaron a hacerse observaciones exactas que fueron minuciosamente anotadas y estudiadas. El hombre que las realizó era un monje agustino llamado Gregor Mendel, que cultivaba su afición a la botánica en un convento de Austria. Aquel monje cultivaba distintas variedades de guisantes que luego mezclaba cuidadosamente y anotaba la forma en que se desarrollaban las diferentes características de color, forma de las semillas y longitud de los tallos. De aquellos experimentos se sacaron unas conclusiones simples que ahora se llaman «leyes mendelianas de la herencia». Luego resultó que aquellas leyes podían aplicarse no sólo a los guisantes, sino a todas las criaturas: moscas de la fruta, ratones y personas.

Cuando se aplicaron al género humano, se dedujo que ambos progenitores, varón y hembra, contribuían a la herencia en partes iguales. Cada uno contribuía con un factor (en las circunstancias más simples) para cada característica física. Los dos factores que determinaban una característica podían no ser iguales. Por ejemplo, un progenitor podía transmitir un factor de color de ojos productor de ojos azules y el otro, un factor de ojos castaños.

En la combinación, un factor puede predominar sobre el otro. Por ejemplo, una persona que hubiera heredado un factor de ojos castaños y otro de ojos azules tendría ojos castaños. Sin embargo, el factor de ojos azules subsistiría y, en combinación con otro factor igual, podría producir un niño con ojos azules en la generación siguiente.

A principios del siglo XX se dio a estos factores el nombre de *genes*, palabra griega que significa «dar nacimiento a», y a la ciencia que trata de la manera en que se heredan los genes se la llamó *genética*.

Mendel podía considerarse afortunado por trabajar con guisantes, organismos simples cuyo cultivo podía controlar. Cada una de las diversas características que estudiaba estaba determinada por una única pareja de genes, por lo que el monje podía obtener resultados útiles. Las características de los organismos más complejos suelen ser producto de numerosos genes combinados. Además, estos genes pueden producir características que estén afectadas por las condiciones ambientales. Entonces, resulta difícil extraer los hilos de la herencia.

Los seres humanos, en particular, presentan problemas. Algunas características, como el tipo sanguíneo, pueden seguirse bastante bien. Otras muchas, incluso algunas en apariencia tan simples como el color de la piel, tienen esquemas hereditarios complicados que aún no han podido aclararse. Desde luego, la «sabiduría popular» da explicaciones que parecen plausibles, sobre las que se fundan teorías raciales que muchas personas están dispuestas a defender con la vida. Pero para el científico las cosas no son tan simples ni tan sangrientas.

Para descubrir el intrincado mecanismo de la herencia no basta actuar con el organismo íntegro, estudiando únicamente las características que se aprecian a simple vista sin otras consideraciones. Sería como tratar de averiguar las reglas del rugby cotejando los resultados de una serie de partidos. Por el número de veces que esos resultados son múltiplos de seis y de siete, deducimos que debe de haber alguna jugada que vale seis puntos y otra, siete. Si pudiéramos escuchar el vocerío de las gradas, sabríamos que el partido dura una hora como mínimo, dividida en dos tiempos iguales. Pero para recoger más datos tendríamos que ver todo un partido.

DIVISIÓN CELULAR

Durante la segunda mitad del siglo XIX, los biólogos entraron en el «juego» propiamente dicho, al dedicarse al estudio minucioso de las células microscópicas que componen toda la materia viva. Cada célula es una gota de líquido (de estructura y composición química muy complejas) rodeada de una fina membrana y provista de un pequeño cuerpo central llamado *núcleo.*

La célula es la unidad de la vida y, aunque en la composición de un organismo pueden entrar trillones de ellas, todas las propiedades y características del organismo están determinadas por las funciones y actividades de uno u otro grupo de células o combinación de ellos. El color de la piel del individuo depende de la actividad de ciertas células de la piel que fabrican un pigmento negro amarronado. Cuanto mayor es el rendimiento de estas células más oscura es la piel. Si una persona sufre de diabetes es porque ciertas células del páncreas, por alguna razón, dejan de producir una sustancia determinada.

El razonamiento puede prolongarse hasta el infinito y, mientras tanto, no podemos evitar el pensar que, si comprendiéramos cómo se transmiten las propiedades y características de las células, sabríamos cómo se transmiten las propiedades y características de los organismos. Así, las células de la piel se dividen periódicamente de manera que de cada una se forman dos. Cada una de las nuevas células posee, precisamente, igual capacidad de producir pigmento que tenía la célula madre. ¿Cómo se ha preservado esta capacidad?

Hacia 1880, un biólogo alemán, Walther Flemming, estudió a fondo el proceso de la división celular y descubrió que el núcleo contiene un material que puede impregnarse de un tinte rojo que le permite destacarse sobre un fondo incoloro. A este material se le llamó *cromatina,* nombre derivado de la palabra griega que significa «color».

Durante el proceso de la división de la célula, la cromatina se aglomera en pares de filamentos llamados *cromosomas.* Dado que estos cromosonas en forma de hilos desempeñan el papel esencial en la división celular, se dio al proceso el nombre de *mitosis,* derivado también de una palabra griega que quiere decir «hilo». En el momento crucial, poco antes de que la célula se divida, las parejas de cromosomas se separan y van cada una a un lado de la célula que está a punto de dividirse. Cuando la división ha terminado, cada nueva célula tiene un número igual de cromosomas.

Dicho de este modo, podría parecer que cada nueva célula tiene la mitad del número primitivo de cromosomas. Pero no es así. Antes de la separación, cada cromosoma forma una réplica de sí mismo. (Por lo tanto, a este proceso se le llama *replicación.*) Y la célula no se divide hasta después de realizada esta duplicación. Por lo tanto, cada nueva célula posee un juego completo de pares de cromosomas, idéntico al que tenía la célula madre. Cada nueva célula está dispuesta para una nueva división, momento en el que se repite el proceso de duplicación seguido del de división.

Puesto que los cromosomas se conservan tan cuidadosamente y se distribuyen con tanta exactitud entre las nuevas células, parece lógico suponer que las características y funciones de las células están gobernadas precisamente por estos cromosomas. Si las células hijas poseen todas las propiedades de la célula madre, ello se debe a que tienen los cromosomas originales de la célula madre o réplicas exactas de los mismos.

Pero, ¿podemos estar seguros de que, dado que los cromosomas, por su estructura, tienen la facultad de determinar las características de una célula, pueden también configurar las características de todo un organismo? El mejor argumento en el que se apoya la respuesta afirmativa es el de que todos los organismos, por grandes y complejos que sean cuando alcanzan su pleno desarrollo, empiezan su vida siendo una célula. Éste es el caso del ser humano, por ejemplo, cuya vida se inicia en el óvulo fertilizado resultante de la unión entre la célula del óvulo materno y la célula del esperma paterno. La célula del óvulo es la mayor producida por el ser humano, a pesar de lo cual su diámetro es de doce centésimas de milímetro, una partícula apenas perceptible a simple vista. Ella contiene todos los factores que representan la aportación materna a la herencia de la criatura. Sin embargo, la mayor parte del material que compone el óvulo es alimento, materia inerte y sin vida. La parte viva es el núcleo, una proporción pequeñísima que es la que encierra los factores genéticos.

Esto puede parecer una simple suposición hasta que pasamos a estudiar la aportación del padre. La célula espermática no contiene prácticamente alimento; una vez combinada con la célula del óvulo, se nutre del alimento de ésta. La célula espermática es, pues, mucho más pequeña; concretamente, 80.000 veces menor. Es la más pequeña que produce el cuerpo humano.

Sin embargo, la minúscula célula espermática contiene toda la aportación del padre a la herencia de la criatura, aportación exactamente igual a la de la madre.

El interior de la célula espermática consta casi únicamente de cromosomas bien comprimidos, uno de cada par existente en las células humanas, veintitrés en total. La célula ovular tiene también en su núcleo veintitrés cromosomas, uno de cada par existente en las células de la madre.

La formación de células ovulares y células espermáticas es el único caso de división de cromosomas sin reproducción anterior. Las células ovulares y las espermáticas, por lo tanto, tienen «medios juegos» de cromosomas. Esta situación se corrige cuando la célula espermática y la ovular se funden para formar el óvulo fertilizado que contiene veintitrés pares de cromosomas formados por un cromosoma materno y un cromosoma paterno.

Es sabido que madre y padre contribuyen en igual medida a las características que hereda el hijo. Dado que la célula ovular de la madre contiene mucho además de los cromosomas y que la célula espermática del padre no aporta más que su medio juego de cromosomas, parece lógico deducir que los cromosomas contienen el factor genético no sólo de las células individuales sino de organismos completos, por complicados que sean.

Por supuesto, dado que no podemos suponer que en el cuerpo humano haya sólo 23 características diferentes, nadie ha afirmado que cada cromosoma determine una sola característica. Por el contrario, se supone que cada cromosoma se compone de una serie de genes, cada uno de los cuales determina una característica diferente. Actualmente se calcula que cada cromosoma humano contiene algo más de 3.000 genes.

Hacia el año 1900, y gracias a la labor de pionero de un botánico holandés, Hugo de Vries, se empezó a pensar que el mecanismo de la herencia no funciona siempre con suavidad. A veces se dan características que no se parecen a las de ninguno de los progenitores. Es lo que se llama *mutación* o cambio.

Las mutaciones pueden interpretarse a la luz de la teoría

de los cromosomas. A veces, en el proceso de la división de las células, los cromosomas se reparten defectuosamente y una célula ovular o espermática puede recibir un cromosoma más o menos. El desequilibrio resultante afectaría a todas las células del cuerpo.

Hasta hace pocos años no se han comprobado las graves consecuencias de tales desequilibrios, por lo menos en lo que respecta al ser humano. Los cromosomas aparecen en la célula en un aparente revoltijo; por lo que, hasta 1956, no se estableció el cálculo exacto de 46 cromosomas por célula. (Antes se creía que eran 48.) Se desarrollaron nuevas técnicas para el aislamiento y estudio de los cromosomas y, en 1959, se descubrió que los niños nacidos con una forma de deficiencia mental llamada «mongolismo» tenían 4 cromosomas en cada célula en vez de 46. Otros trastornos, más o menos graves, están causados también por la presencia de un número anormal de cromosomas y a la distorsión de éstos producida durante la división celular.

Sin embargo, no todas las mutaciones pueden atribuirse a cambios evidentes en los cromosomas. Muchos, mejor dicho, la mayoría se producen sin que se observen en ellos cambios visibles.

Parece razonable suponer que, en estos casos, también ha habido cambios en los cromosomas; aunque a una escala invisible para el ojo humano, incluso ayudado por el microscopio. Los cambios deben de haberse producido en la estructura submicroscópica de la sustancia que los compone.

Si es así, ha llegado el momento de investigar a mayor profundidad, es decir, de entrar en los dominios de la Química. Pero, antes de intentar averiguar qué cambios químicos se producen en los cromosomas, debemos preguntar: ¿De qué sustancia química se componen los cromosomas?

de los cromosomas. A veces, en el proceso de la división de las células, los cromosomas se separan deficientemente y una célula ovular o espermática puede recibir un cromosoma más o menos. El desequilibrio resultante afectaría a todas las células del cuerpo.

Hasta hace pocos años no se han comprobado las graves consecuencias de tales desequilibrios, por lo menos en lo que respecta al ser humano. Los cromosomas aparecen en la célula en un apretado revoltijo, por lo que, hasta 1956, no se estableció el cálculo exacto de 46 cromosomas por célula. (Antes se creía que eran 48.) Se desarrollaron nuevas técnicas para el aislamiento y estudio de los cromosomas y, en 1959, se descubrió que los niños nacidos con una forma de deficiencia mental llamada «mongolismo» tenían 47 cromosomas en cada célula en vez de 46. Otros trastornos, más o menos graves, están causados también por la presencia de un número anormal de cromosomas y a la distorsión de éstos producida durante la división celular.

Sin embargo, no todas las mutaciones pueden atribuirse a cambios evidentes en los cromosomas. Muchos, mejor dicho, la mayoría se producen sin que se observen en ellos cambios visibles.

Parece razonable suponer que, en estos casos, también ha habido cambios en los cromosomas, aunque a una escala invisible para el ojo humano, incluso ayudado por el microscopio. Los cambios deben de haberse producido en la estructura submicroscópica de la sustancia que los compone.

Si es así, ha llegado el momento de investigar a mayor profundidad, es decir, de entrar en los dominios de la Química. Pero antes de intentar averiguar qué cambios químicos se producen en los cromosomas, debemos preguntar: ¿De qué sustancia química se componen los cromosomas?

Capítulo II

DE IMPORTANCIA PRIMORDIAL

2 — 3960

LA SUSTANCIA DEL CROMOSOMA

La composición química de los tejidos vivos es un problema que ha preocupado a los químicos desde hace un siglo y medio, y cuyo esbozo general se trazó hacia mediados del siglo XIX.

El ingrediente principal de todo tejido vivo es, desde luego, el agua —esa misma agua que existe en todo el mundo que nos rodea—. Los restantes ingredientes, empero, son composiciones muy distintas de las sustancias comunes al mundo inanimado.

Las sustancias de tierra, mar y aire son estables, resistentes al calor y, la mayoría, ininflamables. Las sustancias aisladas de tejidos vivos, por el contrario, se destruyen fácilmente por el calor. Todas son más o menos inflamables y, aunque se calienten sin aire para que no puedan arder, también se descomponen. En este caso emiten vapores y cambian permanentemente de una u otra forma.

Por ello, ya en 1807, a las sustancias aisladas de tejidos

vivos (o que lo hubieran estado) se les dio una clasificación propia y se las llamó *sustancias orgánicas,* ya que habían sido obtenidas de organismos. Las materias obtenidas del mundo inanimado, naturalmente, fueron clasificadas de *sustancias inorgánicas.*

Hacia 1820 ya era habitual dividir las sustancias orgánicas en tres amplios grupos: *carbohidratos, lípidos* y *proteínas.* Entre los carbohidratos más conocidos están el azúcar y el almidón; entre los lípidos, el aceite de oliva y la mantequilla y, entre las proteínas, la gelatina y la clara de huevo cuajada.

A mediados del siglo XIX, parecía indudable que, de las tres sustancias, las proteínas eran la de estructura más complicada y función más importante. En realidad, el mismo nombre de «proteína» se deriva de una palabra griega que significa «de importancia promordial».

La complejidad de la estructura de las proteínas se refleja en la fragilidad de la sustancia. (Aunque no siempre ocurra así, uno espera que el castillo de naipes alto y complicado se desmorone más fácilmente que el pequeño.)

Los carbohidratos y los lípidos resisten tratamientos que las proteínas no soportan, por lo menos, sin perder la facultad de actuar como tal. Por ejemplo, en una solución, la mayoría de las proteínas cambian constantemente al ser expuestas a un calor suave: la proteína se hace insoluble y no puede seguir desempeñando su función natural. Queda *desnaturalizada.*

Una pequeña cantidad de ácido puede desnaturalizar una proteína; puede hacerlo, por ejemplo, un toque de una solución alcalina. O, también, las fuertes soluciones salinas y la radiación. A falta de todos estos factores, la simple agitación de una solución proteínica formando espuma puede bastar para desnaturalizarla.

En realidad, las proteínas parecen ser la materia misma

de la vida; tan frágiles y delicadas como un ser viviente. Todos los cambios ambientales que anulan la función de la proteína perjudican al organismo e incluso pueden destruir su vida. La vulnerabilidad de un organismo, comparada con la de una piedra, por ejemplo, no es sino una sombra de la vulnerabilidad de la proteína que lo compone.

Por lo tanto, no fue una sorpresa para los bioquímicos el descubrir que la naturaleza de los cromosomas es eminentemente proteínica. Al parecer, no podían ser otra cosa. ¿Qué otra cosa que no fuera el compuesto «de importancia primordial» podía constituir los cromosomas que son lo que determina la herencia del organismo?

Pero resulta que los cromosomas no son puramente proteína, ni toda la proteína es «puramente» proteína. Algunas lo son, ya que ninguna parte de su sustancia difiere aparentemente de otras partes. La proteína de la clara de huevo es un ejemplo de éstas; es una *proteína simple.*

Por otra parte, la *hemoglobina,* la proteína de la sangre que lleva el oxígeno de los pulmones a todo el cuerpo, no es una proteína simple; se divide en dos sustancias, *heme* y *globin.* Esta última es una proteína simple, mientras que la primera no es proteína sino una sustancia férrica que no posee ninguna de las propiedades que corrientemente se asocian con la proteína. La hemoglobina es, pues, una *proteína conjugada.* «Conjugada» es un término derivado de una palabra latina que significa «unida a».

Otras proteínas conjugadas unen, a la parte de proteína simple de su composición, varios tipos de carbohidratos, lípidos, pigmentos, metales no férricos, etcétera. La proteína de los cromosomas es una proteína conjugada; pero su parte no proteínica no es ninguna de las sustancias que he mencionado, sino una sustancia bastante extraña que fue descubierta hace un siglo.

En 1869, un joven químico alemán llamado Friedrich Miescher aisló del tejido una sustancia que resultó no ser ni carbohidrato, ni lípido, ni proteína. Por haberla obtenido del núcleo de la célula, Miescher la llamó *nucleína.* Con el tiempo, se demostró que la sustancia poseía propiedades de ácido, por lo que pasó a ser denominada *ácido nucleico.*

Al fin se comprobó que esta sustancia estaba unida a la proteína de los cromosomas, por lo que a la sustancia de los cromosomas se le dio el nombre de *nucleoproteína.*

Pasó el tiempo. Durante el primer tercio del siglo XX, los bioquímicos se dedicaron al estudio de los virus, entidades causantes de enfermedades y tan pequeños que no podían ser vistos por el microscopio. En 1935, el bioquímico norteamericano Wendell M. Stanley aisló el *virus del mosaico del tabaco* (causante de una enfermedad de las hojas del tabaco) en forma de cristales.* Aquellos cristales resultaron tener naturaleza de proteínas.

El virus no estaba compuesto de células sino que era un fragmento no mayor que un cromosoma. Al igual que un cromosoma, el virus tenía la facultad de reproducirse una vez se introducía en la célula. Y, además de esta similitud funcional, poseía también una similitud química, según se descubriría pronto.

Luego resultó que el virus del mosaico del tabaco no era sólo proteína. También contenía ácido nucleico, por lo que era una nucleoproteína. Desde entonces se han aislado y analizado otros muchos virus y todos ellos sin excepción han resultado ser nucleoproteínas.

En 1940, esto ofrecía a los bioquímicos un panorama claro. (Se había descubierto que existían dos tipos de entidades que se reproducían: los cromosomas que se encontraban en el interior de la célula y los virus que la invadían desde el exterior. ¡Y las dos eran nucleoproteínas!)

* Por este descubrimiento, Stanley compartió el Premio Nobel de Fisiología y Medicina de 1946.

La respuesta al problema de la genética, reducida a términos químicos, consistía, pues, en la naturaleza y estructura de la nucleoproteína.

VARIEDAD

Sin embargo, para los químicos de 1940, el problema de la proteína tenía precedencia sobre el de la nucleoproteína. La experiencia había demostrado que la estructura de las partes no proteínicas de la sustancia era relativamente simple. Lo que contaba era la parte de proteína.

Las proteínas no eran puramente complejas y delicadas; existían en una enorme variedad de formas. Esto hacía que el tema de la estructura de la proteína fuera a un tiempo fascinante e imponente.

Para darles una idea de lo que quiero decir, permitan que haga un esbozo de esta variedad.

En el cuerpo humano se producen constantemente miles de reacciones químicas, cuyo número no puede calcularse todavía. De todos modos, basta pensar que todas las complejas sustancias de los alimentos deben descomponerse primeramente en pequeños fragmentos que después han de ser absorbidos y mezclados en nuevas complejas sustancias aptas para el ser humano. Algunos de los alimentos ingeridos deben descomponerse para producir energía y los restos, eliminarse. Las sustancias especiales que necesita el cuerpo deben obtenerse de otras sustancias existentes en los alimentos, y cada una de las transformaciones parece producirse por medio de docenas de etapas interrelacionadas.

Casi ninguna de las reacciones químicas que con tanta facilidad se efectúan en el cuerpo puede producirse en una probeta, por más que los materiales aislados se mantengan a la temperatura del cuerpo. Para producir estas reacciones, tenemos que agregar algo que se extrae de los tejidos vivos (o que lo hayan estado). Este «algo» es una *enzima.*

Una enzima es un catalizador, es decir una sustancia que, utilizada en pequeñas cantidades, hace que una reacción química se produzca con mayor rapidez y sin que el catalizador en sí quede permanentemente alterado durante el proceso. Esto lo consigue la enzima al suministrar una superficie sobre la que las sustancias puedan reaccionar con un menor aporte de energía y, por lo tanto, con mucha mayor rapidez.

Es un asunto complicado, pero, con una simple analogía, podrán ver lo que quiero decir. Un ladrillo colocado en un tablón inclinado no resbalará a pesar de la atracción de la gravedad porque la fricción lo mantendrá fijo. Hay que empujarlo para que se mueva; es decir, aplicar energía. Una vez empiece a moverse puede deslizarse hasta el final o quedarse atascado. Ahora bien, supongamos que la superficie del tablón y la del ladrillo están cubiertas de una fina y dura capa de cera suave. En estas condiciones, el ladrillo se deslizará por efecto de la atracción de la gravedad, sin que nadie lo empuje, y se deslizará con mayor rapidez. Pues bien, la enzima hace las veces de la cera.

Cada una de las miles de reacciones que se producen en el cuerpo es catalizada por una enzima específica. Y no es siempre la misma enzima, no vayan ustedes a creer, sino una distinta en cada caso. Cada reacción tiene su propia enzima; y cada enzima es una proteína, una proteína *diferente.*

El ser humano no es el único organismo que posee miles de enzimas: también las tienen todas las demás criaturas. Muchas de las reacciones que se producen en las células humanas ocurren también en las de otras criaturas. Desde luego, algunas de las reacciones son universales, pues tienen lugar en todos los tipos de células. Esto significa que una enzima capaz de catalizar una reacción determinada puede darse en las células de lobos, pulpos, musgo y bacterias y también en las nuestras. Y, a pesar de todo, cada una de estas enzimas, aunque todas ellas aptas para catalizar una reacción determinada, es característica de su propia especie. Cada una de ellas puede distinguirse de las demás.

De ello se deduce que cada especie de criatura tiene miles de enzimas y que todas esas enzimas pueden ser diferentes. Dado que existen más de un millón de especies diferentes en la Tierra, es posible —a juzgar sólo por las enzimas— que existan miles de millones de proteínas diferentes.

MAYOR VARIEDAD

El potencial de variación de las proteínas puede ilustrarse de otro modo.

El cuerpo humano puede formar *anticuerpos*. Éstos son sustancias que reaccionan ante la invasión de microorganismos o ante las sustancias tóxicas producidas por ellos, neutralizando los efectos del microorganismo, o de su veneno, e inmunizándonos. Ésta es la manera en que el cuerpo combate una enfermedad como la viruela. Los anticuerpos formados contra el virus de la viruela subsisten en nuestro cuerpo o bien cualquier contacto futuro con el virus estimula su rápida producción (puesto que el cuerpo ya sabe la receta, por así decirlo) y nosotros quedamos inmunes a la viruela para siempre.

También, todos los que vivimos en ciudades estamos expuestos constantemente a la poliomielitis y otras enfermedades graves. La mayoría producimos anticuerpos que nos permiten evitarlas. Pero siempre hay alguien, menos afortunado, que sucumbe.

Producimos también anticuerpos, según convenga, contra sustancias esencialmente inofensivas que se hallan presentes en el polen, los alimentos o en otros lugares del ambiente. Cuando estamos expuestos a estas sustancias, se produce una reacción entre ellas y el anticuerpo que desencadena ciertos molestos síntomas, como estornudos, inflamación de la mucosa de la nariz y garganta, irritación de los ojos o de la piel, asma, etcétera. En este caso, decimos que somos alérgicos a esto o aquello.

Esta sensibilidad a unas sustancias específicas también puede cultivarse. Si se inyecta una sustancia determinada a un conejo, el animal producirá un anticuerpo contra ella. En el suero sanguíneo extraído del conejo se encontrará el anticuerpo, el cual reaccionará ante la sustancia contra la que el conejo está sensibilizado y contra ninguna otra.

Al parecer, no existe límite para el número de anticuerpos que pueden producirse. Cada bacteria, cada toxina bacteriana, cada cepa de virus, cada proteína (y algunas sustancias no proteínicas) que entra en la composición de los alimentos o de otros elementos, provoca la producción de un anticuerpo determinado que reacciona a ella y a nada más. Un anticuerpo que combate una determinada cepa de virus no reaccionará a otra, aunque sólo sea ligeramente distinta y pertenezca al mismo virus. Ésta es la causa por la que no poseemos una inmunidad suficiente contra enfermedades tales como el resfriado común y la gripe. Producimos anticuerpos, sí, pero la próxima vez que estamos expuestos a la enfermedad se trata de una cepa diferente, por lo que nuestros anticuerpos resultan inútiles.

Resulta que cada anticuerpo es una proteína diferente. La diversidad de los anticuerpos, es, pues, otra prueba de la diversidad de las proteínas.

Pero en los organismos hay proteínas que no son ni enzimas ni anticuerpos y se podría suponer que éstas, por lo menos, constituyen un material tipo. Por ejemplo, ciertas proteínas forman importantes componentes estructurales de tejido conjuntivo o músculo. Las primeras son el *colágeno* y las últimas, la *actomiosina*.* También está la hemoglobina, una proteína que ya hemos mencionado.

Sin embargo, también éstas difieren de una especie a otra. Por ejemplo, se puede producir anticuerpos contra componentes de la sangre humana que sólo reaccionarán a la sangre humana. (Así es como se identifica la sangre humana, aunque esté seca, sin confundirla con sangre de pollo, por ejemplo, cuando lo requiere un caso criminal.)

A veces, un anticuerpo de la sangre de pollo reaccionará débilmente a la sangre de pato y uno de la sangre de perro, a la de lobo. Este ligero cruce de las reacciones es prueba de la afinidad del desarrollo evolutivo de las especies.

En resumen, cada especie tiene sus proteínas y enzimas características; las tiene cada individuo y las tiene también cada célula.

La palabra clave es «enzimas», pues cada organismo produce sus proteínas mediante una larga serie de reacciones que son catalizadas por enzimas. Si los organismos difieren en otras sustancias además de las proteínas, podemos afirmar que también esas sustancias se han fabricado mediante la actividad catalizadora de las correspondientes enzimas.

* Los complicados nombres que se dan a la mayoría de sustancias químicas tienen su significado y su razón de ser. De todos modos, en la mayoría de los casos, la explicación nos haría divagar, por lo que sólo la daré cuando ello no exija apartarnos excesivamente del tema. Por lo demás, ruego al lector acepte los nombres químicos con buena voluntad y confianza.

ENZIMAS EN DESORDEN

Una variación en el número de una sola de muchas enzimas puede producir cambios sorprendentes no sólo en las células que utilizan esa enzima, sino en todo el organismo.

Existe, por ejemplo, un pigmento negro pardusco formado por células de la piel en una serie de reacciones, cada una controlada por una enzima particular. Si esta enzima se da en cantidad, el pigmento se produce en abundancia y la piel es oscura, el cabello, negro y los ojos, castaños. Si una de estas enzimas se fabrica en menor cantidad, la producción de pigmento es baja y la piel del individuo es clara, el cabello, rubio y los ojos, azules. A veces, un individuo nace con la incapacidad de producir una enzima. En este caso, no se forma pigmento. La piel y el cabello son blancos y los ojos, color de rosa, pues, en ausencia de pigmento, los vasos sanguíneos se hacen visibles. Este individuo es albino.

Es decir, que lo que consideramos un rasgo hereditario (el color del pelo o de los ojos) o una mutación sorprendente (la aparición del albinismo) puede deberse no ya a la actividad de las células, sino a una variación en la cantidad de una sola de las enzimas que éstas contienen.

A veces no es tan fácil seguir el proceso de enzima a efecto final. La falta de una enzima o el desequilibrio de varias de ellas puede impedir que se produzca una reacción natural o provocar una reacción que normalmente no ocurre. No se forma una sustancia que debiera formarse o se forma en cantidad excesiva. En cualquier caso, ello afectará a su vez la labor de otras enzimas y éstas, a otras y así sucesivamente. Cualquier interferencia en la función de las enzimas, prácticamente en cualquier punto, causará una reacción en cadena de consecuencias imprevisibles.

Existe una enzima llamada *fenilalaninasa* que, excepcionalmente, puede estar ausente en el organismo humano. La reacción catalizada por la enzima es una de las que producen una de las materias primas que sirven para fabricar el pigmento negruzco (ya mencionado). Sin esta enzima, es difícil formar el pigmento y el individuo es rubio. Pero, además, por razones todavía desconocidas, el individuo que carece de esta enzima padece una afección llamada *oligofrenia fenilpirúvica,* que causa una grave deficiencia mental.

En muchos casos, las características de un organismo obedecen al equilibrio de las enzimas de la célula. Por lo que los bioquímicos han podido comprobar, parece razonable suponer que todas las características de un organismo no son sino la expresión visible del equilibrio enzimático.

Si pretendemos resolver el jeroglífico de la herencia, hemos de tratar de responder a dos preguntas fundamentales:

1. ¿Qué permite a la proteína formar tantas enzimas diferentes?

2. ¿Qué permite a los cromosomas provocar la formación de ciertas enzimas y no otras?

Para hallar la respuesta a estas preguntas, hemos de zambullirnos en un mar de palabras, símbolos y fórmulas químicas. Tratar de averiguar los intrincados detalles de la genética sin este requisito sería como intentar seguir una película de la televisión sin la banda sonora. Uno puede hacerse una vaga idea de la acción pero no entender el argumento.

mente en cualquier punto, causará una reacción en cadena de consecuencias imprevisibles.

Hay una enzima, llamada *fenilalaninasa*, que, excepcionalmente, puede estar ausente en el organismo humano. La reacción catalizada por la enzima es una de las que producen una de las materias primas que sirven para fabricar el pigmento negro (ya mencionado). Sin esta enzima, es difícil formar el pigmento y el individuo es rubio. Pero, además, por razones todavía desconocidas, el individuo que carece de esta enzima padece una alteración llamada *oligofrenia fenilpirúvica*, que causa una grave deficiencia mental.

En muchos casos, las características de un organismo obedecen al equilibrio de las enzimas de la célula. Por lo que los bioquímicos han podido comprobar, parece razonable suponer que todas las características de un organismo no son sino la expresión visible del equilibrio enzimático.

Si pretendemos resolver el jeroglífico de la herencia, hemos de intentar responder a dos preguntas fundamentales:

1.ª ¿Qué permite a la proteína formar tantas enzimas diferentes?

2.ª ¿Qué permite a los cromosomas provocar la formación de ciertas enzimas y no otras?

Para hallar la respuesta a estas preguntas, hemos de zambullirnos en un mar de palabras, símbolos y fórmulas químicas. Tratar de averiguar los intrincados detalles de la genética sin este requisito sería como intentar seguir una película de largometraje sin la banda sonora. Uno puede hacerse una vaga idea de la acción, pero no entenderá el argumento.

Capítulo III

EL LENGUAJE DE LA QUÍMICA

ÁTOMOS

El lenguaje de la Química empieza por los *elementos.*

Los elementos son las sustancias que no pueden descomponerse (por los métodos ordinarios, desarrollados por los químicos del siglo XIX) en sustancias más simples. Actualmente, se conocen en total 103 elementos. Algunos de ellos sólo han sido producidos en laboratorio y, de no ser por la intervención del hombre, que se sepa, no existen en la Tierra. Otros existen, pero son muy escasos. Otros, aunque bastante corrientes, no tienen importancia para los tejidos vivos.

En realidad, para el propósito de este libro, nos basta referirnos a seis elementos, concretamente:

1. *Carbono*
2. *Hidrógeno*
3. *Oxígeno*
4. *Nitrógeno*
5. *Azufre*
6. *Fósforo*

Todos son muy corrientes, y cuatro de ellos se encuentran con facilidad. El carbón, por ejemplo, es carbono casi puro, al igual que el hollín y el grafito de los lápices. También el diamante es una forma especial de carbono.

El noventa y nueve por ciento del aire que respiramos es una mezcla de oxígeno y nitrógeno en proporción de 1:4, mientras que el azufre, se presenta bajo la forma de un sólido amarillo chillón. El hidrógeno es un gas ligero, inflamable, que se utiliza para hinchar los globos. El fósforo es un sólido de color rojizo.

Todas las sustancias están formadas por minúsculos átomos. En el siglo XX, la Ciencia ha demostrado que los átomos, aunque pequeñísimos, son unos sistemas extraordinariamente complejos de partículas todavía más pequeñas. Sin embargo, nosotros no vamos a ocuparnos de la estructura interna del átomo, y basta decir que se trata de un objeto muy menudito.

Cada elemento se compone de uno o más átomos que son distintos de los de todos los demás elementos. Existen, por lo tanto, 103 clases diferentes de átomos conocidas, una por cada elemento. Puesto que trataremos sólo de seis elementos, no tenemos que preocuparnos más que de seis átomos: 1) el átomo de carbono; 2) el átomo de hidrógeno; 3) el átomo de oxígeno; 4) el átomo de nitrógeno; 5) el átomo de azufre y 6) el átomo de fósforo.

Puesto que vamos a referirnos a ellos con frecuencia, será conveniente disponer de un sistema abreviado para mencionarlos. Los químicos, por acuerdo internacional, utilizan abreviaturas y, concretamente, estos seis elementos se mencionan por su inicial.

De manera que el átomo de carbono es C; el de hidrógeno, H; el de oxígeno, O; el de nitrógeno, N; el de azufre, S (*sulphur*) y el de fósforo, P (*phosphorus*).

Por lo tanto, empezamos con un golpe de suerte. En el lenguaje corriente, tenemos que utilizar 26 letras diferentes, expresada cada una en dos formas: mayúscula y minúscula. Luego, tenemos nueve dígitos para formar numerales y diversos signos para puntuación y otros fines. (Mi máquina de escribir está equipada para producir 82 símbolos diferentes que, en realidad, a veces no me bastan.) En el lenguaje químico, por el contrario, empezamos con sólo seis símbolos.

Normalmente, en la Tierra no existen átomos aislados. Casi siempre, cada uno de ellos está asociado con uno o más átomos. Cuando la asociación interesa átomos de una misma clase, tenemos los elementos de los que hablaba al principio. A veces, la asociación interesa átomos de dos o más variedades, lo cual nos da un *compuesto*.

Cualquier grupo de átomos (iguales o distintos) que forme una unión que no se disgregue espontáneamente sino que se mantenga por lo menos el tiempo necesario para ser estudiada, recibe el nombre de *molécula*, derivado de una palabra latina que significa «pequeña cantidad».

Si los átomos son las letras del lenguaje químico, las moléculas son las palabras. Pero, a fin de unir las letras para formar palabras, necesitamos conocer las reglas de la ortografía química. Cuando tratamos con letras de la lengua española, sabemos que existen ciertas restricciones para la formación de palabras. Si escribimos una «q», la letra siguiente tiene que ser forzosamente una «u». Si vemos una «rr» sabemos que no puede tratarse de un comienzo de palabra y, si nos tropezamos con una combinación de letras como «zwhf», podemos estar seguros de que no corresponde a una palabra española.

También la ortografía química tiene reglas, pero no debe sorprendernos que sean algo distintas de las que rigen la ortografía de la lengua española. Para empezar, el átomo de oxígeno (O) y el átomo de azufre (S) tienen cada uno dos «puntos de unión» con otros átomos, como las letras que quedan en el centro de una palabra, que tienen otras letras delante y detrás. El átomo de hidrógeno (H) tiene un solo punto de unión, como las letras que están al principio o al final de una palabra.

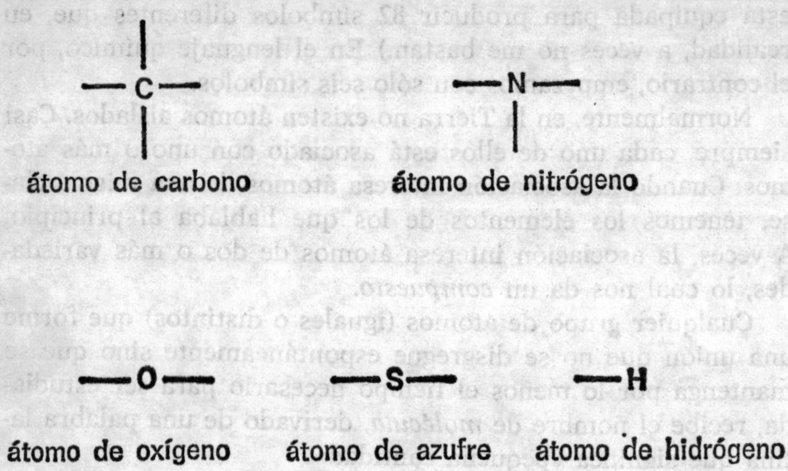

Figura 1. Átomos y enlaces

El átomo de nitrógeno (N) tiene tres puntos de unión y el de carbono (C), nada menos que cuatro. Aquí se pierde ya toda similitud con la ordenación de las letras en las palabras. (El átomo de fósforo es un caso aparte, al que me referiré más adelante, cuando sea necesario.) *

Podemos marcar los puntos de unión de cada átomo con

* En realidad, las reglas de unión de átomos son un poco más complicadas. En determinadas circunstancias, el átomo de carbono, por ejemplo, sólo puede unirse por dos puntos. Por otra parte, el átomo de nitrógeno tiene lugar para un cuarto punto de unión, y el átomo de azufre, para un tercero y un cuarto. No obstante, en este libro podemos prescindir de estos refinamientos. Si hago este inciso es para advertirles, con toda sinceridad, de que a veces las cosas son más complicadas de lo que yo digo.

pequeñas líneas llamadas *enlaces* que se agregan al símbolo de los elementos. Así, las reglas de la ortografía química pueden esbozarse tal como se indica en la figura 1.

MOLÉCULAS

Es fácil construir moléculas simples de los átomos, utilizando el sistema de enlaces indicado en la figura 1. Lo primero que podríamos intentar es poner átomos de hidrógeno en cada enlace de los otros átomos, como se indica en la figura 2.

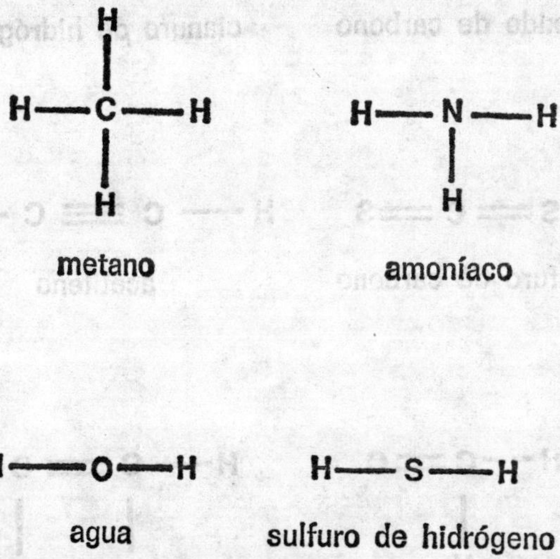

Figura 2. Moléculas simples

Los resultados son las *fórmulas estructurales* de sustancias reales bien conocidas. Del *agua* no hace falta hablar. El *metano* es un gas inflamable componente principal del «gas natural» que se usa para guisar y para la calefacción. El amoníaco es un gas de olor asfixiante. (El amoníaco que se vende en las droguerías no es la sustancia sino una solución del gas en

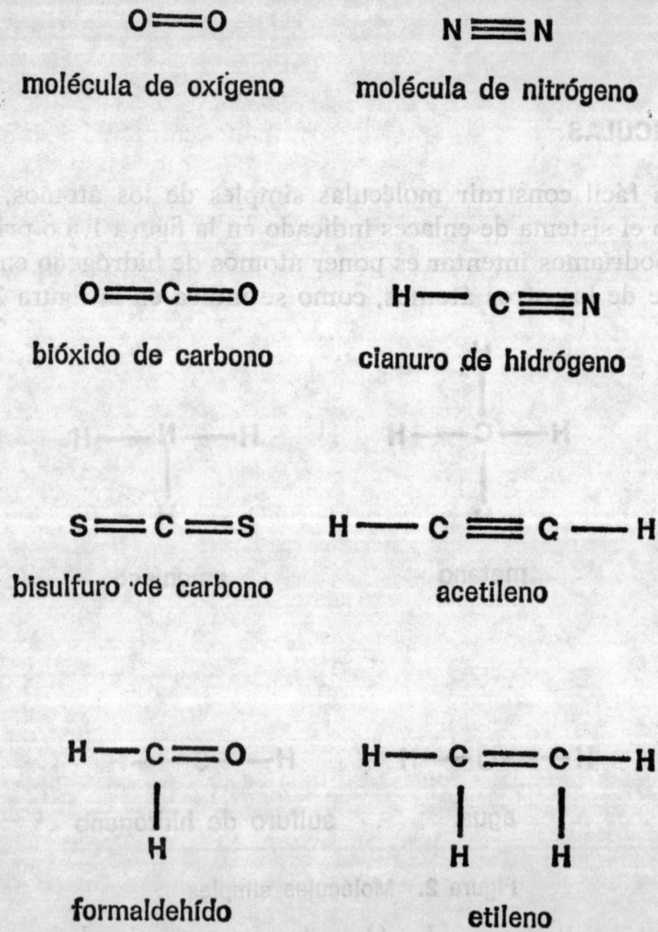

Figura 3. Enlaces dobles y simples

agua.) El *sulfuro de hidrógeno* es un gas pestilente, con olor a huevo podrido que suele encontrarse en los laboratorios de química escolar o emana de aguas estancadas.

Los químicos están tan familiarizados con las fórmulas estructurales de estas moléculas simples que generalmente no se molestan en escribirlas con los guiones de unión y se limitan a indicar las diferentes clases de átomos. Si la molécula contiene más de uno de un tipo determinado, escriben el número. Así por ejemplo, metano se escribe CH_4, amoníaco NH_3, agua H_2O y sulfuro de hidrógeno, H_2S. Cuando expresamos de este modo las moléculas utilizamos lo que se llama *fórmulas empíricas.* Para las moléculas pequeñas bastan las fórmulas empíricas simples.

A veces, los átomos están unidos por dos enlaces *(doble enlace)* o, incluso, por tres *(triple enlace),* tal como indican los ejemplos de la figura 3.

Cuando dos átomos de oxígeno están unidos por ambos enlaces de cada uno, resulta una molécula formada por átomos de una clase. Una sustancia compuesta de estas moléculas es un elemento. El oxígeno de la atmósfera no está compuesto por átomos individuales, sino por moléculas de dos átomos cada una. Por lo tanto, el oxígeno de la atmósfera se denomina *oxígeno molecular.* De igual modo, el nitrógeno de la atmósfera está compuesto por moléculas de dos átomos, en las que los átomos están unidos por los tres puntos de enlace propios de los átomos de nitrógeno. También el hidrógeno gaseoso está formado por moléculas de dos átomos que, desde luego, están unidos por un solo enlace, puesto que el átomo de hidrógeno no tiene más que uno.

También pueden ligarse mediante más de un enlace los átomos de distintos tipos, como en el caso del *dióxido de carbono* o del *cianuro de hidrógeno.* De todos modos, la existencia de enlaces dobles o triples no altera las reglas de la unión. Si cuentan los enlaces correspondientes a cada átomo de cualquiera de las moléculas de la figura 3 observarán que los átomos de oxígeno y azufre tienen siempre dos enlaces, los de nitrógeno, tres, el átomo de carbono, cuatro y el de hidrógeno, uno.

Cuando se escriben fórmulas empíricas, se hace caso omiso de los enlaces dobles y triples. Sólo se cuentan los átomos. Por lo tanto, el oxígeno molecular es O_2, el nitrógeno molecular es N_2, el dióxido de carbono es CO_2, el cianuro de hidrógeno es HCN, etc.

CADENAS DE CARBONO

Las moléculas cuyas fórmulas he enunciado hasta ahora son muy simples. Recurriendo de nuevo a la comparación con las palabras, podríamos decir que estas fórmulas son «palabras de una sílaba».

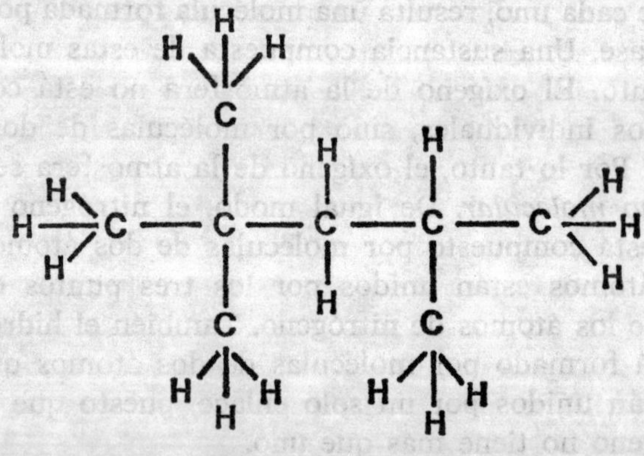

Figura 4. Isooctano

Si en los tejidos vivos existen moléculas más complicadas ello se debe a las singulares propiedades del átomo de carbono que se encuentra presente en todo tejido vivo. Los átomos de carbono tienen la peculiaridad de unirse formando largas cadenas estables.

Dado que el átomo de carbono tiene cuatro enlaces, estas cadenas pueden ser ramificadas. La molécula de la figura 4 representa un ejemplo de ello.

Se conoce a esta molécula por el nombre de isooctano. Contiene ocho átomos de carbono dispuestos en cadena ramificada. Los enlaces de los átomos de carbono que no están conectados a otros átomos de carbono lo están a átomos de hidrógeno; si los cuentan observarán que hay ocho átomos de carbono y dieciocho átomos de hidrógeno. Dado que su molécula contiene únicamente átomos de carbono y de hidrógeno, el isooctano forma parte de una clase de compuestos llamados *hidrocarburos.* La gasolina es una mezcla de distintos hidrocarburos en cuya composición entra una importante proporción de isooctano.

La fórmula empírica del isooctano es C_8H_{18}, pero, una vez entramos en el mundo de las moléculas que contienen carbono, dejan de tener utilidad las fórmulas empíricas. Por ejemplo, se puede disponer ocho átomos de carbono en línea recta, como se indica en la figura 5.

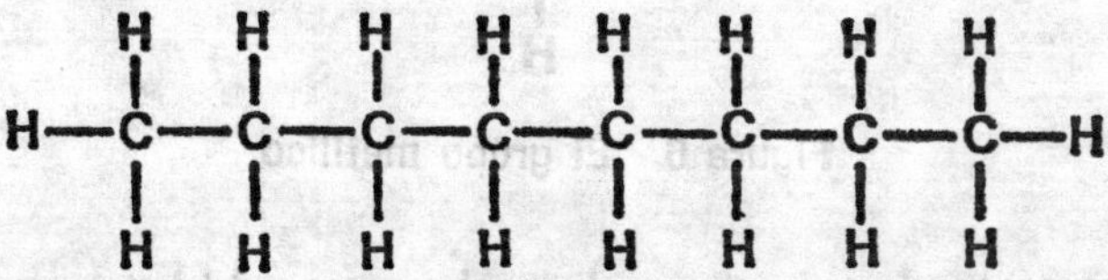

Figura 5. Octano normal

Esto representa la molécula de *octano normal,* cuyas propiedades son ligeramente diferentes de las del isooctano. Esta diferencia de propiedades significa que el isooctano y el octano normal son realmente dos compuestos distintos, a pesar de lo cual ambos tienen la fórmula empírica C_8H_{18}.

(Y, como puede observarse, en ambos cada átomo de carbono tiene cuatro enlaces y cada átomo de hidrógeno, uno.)

En otras palabras, lo que distingue a una molécula de otra no es simplemente la clase de átomos que la componen ni su número sino la disposición de los distintos átomos. Por ello, al tratar de las complejas sustancias de los tejidos vivos, tenemos que atenernos a las fórmulas estructurales ya que, de lo contrario, estaríamos perdidos.

A medida que las fórmulas estructurales se alargan y complican, resulta conveniente poder referirse a partes específicas de la molécula, combinaciones atómicas particulares que aparecen frecuentemente en la molécula. Utilizando la analogía de las palabras, este proceso es como partir una palabra larga en sílabas para facilitar su pronunciación.

Veamos, pues, la combinación de átomos expuesta en la figura 6.

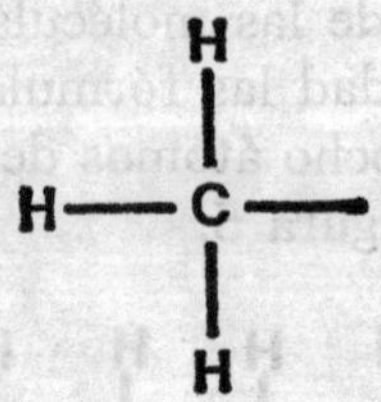

Figura 6. El grupo metílico

Compuesto de un átomo de carbono con hidrógeno en tres de sus enlaces. El cuarto, que en la figura aparece libre, puede unirse a casi cualquier tipo de átomo. Si se uniera a un átomo de hidrógeno, el resultado sería metano (como puede verse en la figura 2). Por ello, la combinación de un átomo de carbono con tres átomos de hidrógeno se llama *grupo metilo.* En la fórmula del isooctano (fig. 4), se ven cinco grupos metílicos, cada uno de los cuales está unido a un átomo de carbono.

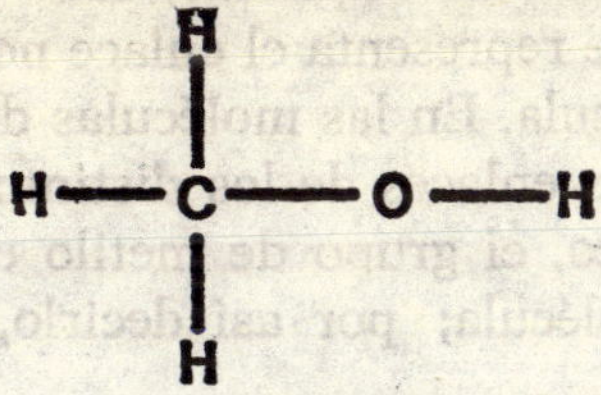

alcohol metílico

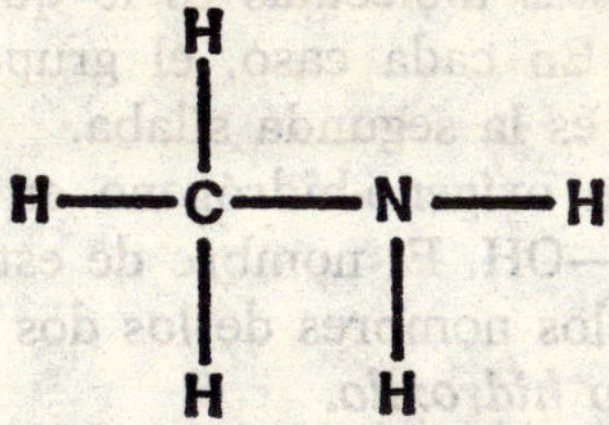

amina metílica

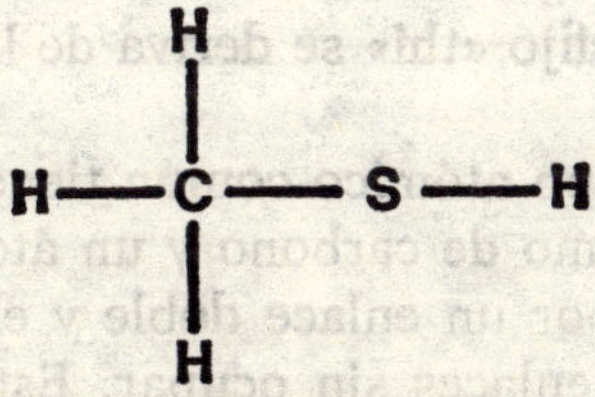

mercaptán metílico

Figura 7. Grupos de átomos

Para ahorrar espacio, el grupo de metilo puede enunciarse al modo de las fórmulas empíricas, CH_3—. Obsérvese, sin embargo, el guión que representa el enlace no ocupado. (El grupo metilo no es molécula. En las moléculas de las que se trata en este libro todos los enlaces de los distintos átomos están ocupados. Por lo tanto, el grupo de metilo es simplemente fragmento de una molécula; por así decirlo, una «sílaba» de la «palabra».)

El grupo metilo puede estar unido a otros átomos además de los de hidrógeno y carbono. Con frecuencia, está unido a átomos de oxígeno, nitrógeno o azufre, como en los ejemplos que indico en la figura 7.

Cada una de estas moléculas es lo que podríamos llamar «de dos sílabas». En cada caso, el grupo metilo es una sílaba; lo que resta es la segunda sílaba.

La combinación oxígeno-hidrógeno en el alcohol metílico puede enunciarse —OH. El nombre de este grupo es una versión abreviada de los nombres de los dos átomos que lo componen. Es el *grupo hidroxilo.*

La combinación de nitrógeno y dos átomos de hidrógeno existentes en la amina metílica puede enunciarse —NH_2. Un átomo más de hidrógeno nos daría amoníaco, y de este compuesto se deriva el nombre del *grupo de las aminas.* La combinación azufre-hidrógeno del mercaptan metílico —SH es el *grupo thiol.* El prefijo «thi» se deriva de la palabra griega que significa azufre.

A veces, un grupo atómico común tiene dos enlaces que no se utilizan. Un átomo de carbono y un átomo de oxígeno pueden estar unidos por un enlace doble y el átomo de carbono, tener todavía dos enlaces sin ocupar. Este caso puede representarse así: =CO. Éste es el *grupo carbonilo* y, si observan la figura 3, hallarán un grupo carbonilo en la fórmula del formaldehído.

También puede darse el caso de que dos átomos de sulfuro

estén unidos por un solo enlace. Cada uno tendrá entonces un enlace libre, o sea, dos en total. Este grupo —SS—, es el *grupo bisulfuro*.

Uno de los compuestos orgánicos conocidos por el hombre desde más antiguo en una forma relativamente pura es el *ácido acético*, nombre que se deriva de la palabra griega que designa el vinagre. En realidad, el vinagre es una solución débil de este ácido. En la figura 8 se indica la fórmula del ácido acético.

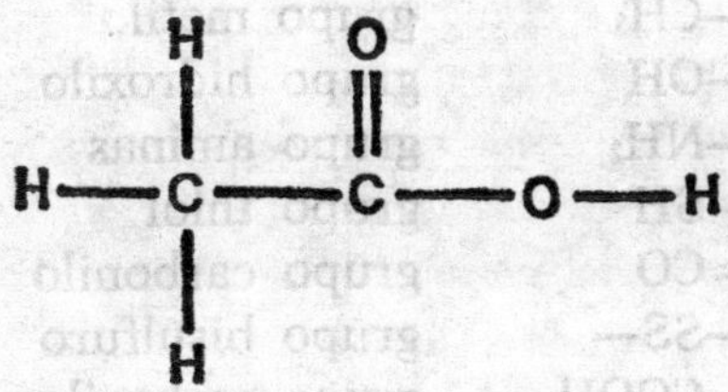

Figura 8. Ácido acético

Como puede observarse, el ácido acético es una molécula de «tres sílabas». Contiene un grupo metilo unido a un grupo carbonilo que, a su vez, está unido a un grupo hidroxilo. La combinación carbonilo-hidroxilo es muy frecuente en los compuestos, por lo que suele considerarse como una «sílaba» en sí misma. La frase «*carbo*nilo-hidro*xilo*» se contrae a las partes indicadas en cursiva y el grupo recibe el nombre de *carboxilo*. Dado que la presencia en la molécula de un grupo carboxilo suele dar a aquélla propiedades de ácido, también suele llamársele *grupo de ácido carboxílico*.

Para abreviar, el grupo carboxilo suele enunciarse —COOH. En realidad, ésta no es una indicación satisfactoria, ya que da a entender que los dos átomos de oxígeno están unidos entre sí y no lo están. Yo preferiría enunciarlo —(CO)OH o —CO

(OH), pero estoy seguro de que no he de conseguir modificar una costumbre secular de los químicos.

Si sustituimos la parte de hidroxilo del grupo carboxilo por un grupo de aminas el resultado será —$CONH_2$. Esto es un *grupo amida.*

Existen muchos grupos adicionales con los que ha de tratar el químico al estudiar los compuestos orgánicos, pero nosotros podremos arreglarnos con los ocho mencionados y que detallo a continuación:

—CH_3	grupo metilo
—OH	grupo hidroxilo
—NH_2	grupo aminas
—SH	grupo thiol
=CO	grupo carbonilo
—SS—	grupo bisulfuro
—COOH	grupo carboxilo
—$CONH_2$	grupo amida

CARBONO EN ANILLOS

Todavía no hemos terminado. Hay aún otro refinamiento a tener en consideración.

Los átomos de carbono tienen tendencia a formar anillos. Estos anillos forman unas combinaciones extraordinariamente estables; en especial cuando están compuestos por cinco o seis átomos, y de modo particular cuando los enlaces dobles se alternan con los sencillos. La figura 9 indica un ejemplo.

La molécula que se muestra es la del *benceno.* Tiene en el núcleo un anillo de seis átomos de carbono, cada uno de los cuales está conectado al átomo de carbono contiguo por un enlace simple y a otro por un enlace doble. Cada átomo de carbono tiene, además, un cuarto enlace que lo conecta a un átomo de hidrógeno.

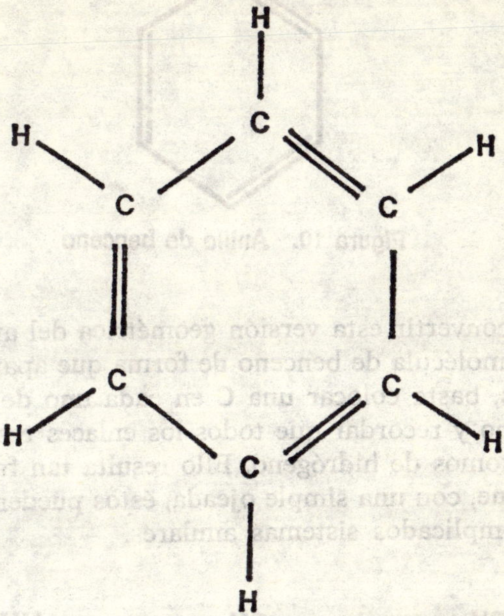

Figura 9. Benceno

El anillo de seis átomos de carbono con enlaces dobles y simples alternos se llama *anillo de benceno.* Es tan estable que se encuentra en muchos miles de compuestos.

Los químicos, al escribir sus fórmulas, han tenido que utilizar este anillo con tanta frecuencia que, inevitablemente, han buscado la forma de abreviar su enunciado y la solución aplicada con más frecuencia es la de la representación geométrica. El anillo de benceno se representa como un simple hexágono, con indicación de los enlaces simples y dobles, como aparece en la figura 10.

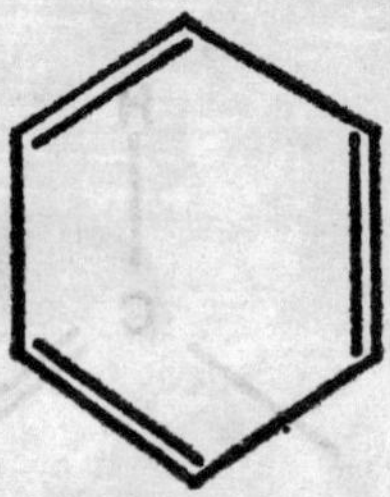

Figura 10. Anillo de benceno

Para reconvertir esta versión geométrica del anillo de benceno en la molécula de benceno de forma que aparezcan todos sus átomos, basta colocar una C en cada uno de los ángulos del hexágono y recordar que todos los enlaces restantes están unidos a átomos de hidrógeno. Ello resulta tan familiar a los químicos que, con una simple ojeada, éstos pueden interpretar los más complicados sistemas anulares.

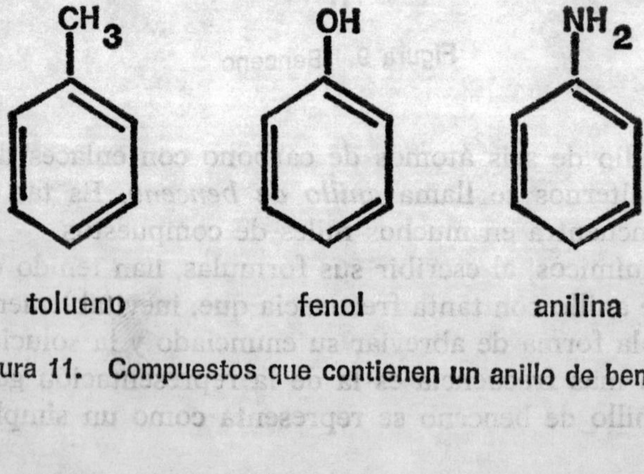

Figura 11. Compuestos que contienen un anillo de benceno

Pero, ¿qué ocurre si los enlaces restantes están unidos a átomos que no son de hidrógeno? En este caso, se indican los átomos o grupos de átomos conectados. Doy unos ejemplos en la figura 11, en la que el *tolueno* lleva agregado un grupo de metilo al anillo de benceno, el fenol, un grupo hidroxilo y la *anilina,* un grupo amina.

Para simplificar, casi siempre los grupos agregados se enuncian como fórmulas empíricas. Más adelante, introduciré una mayor simplificación.

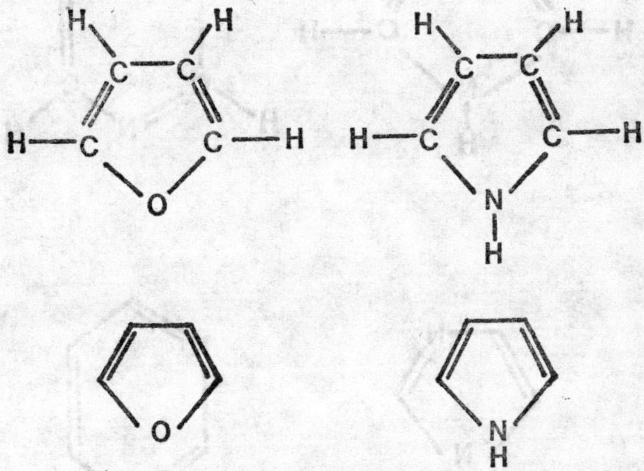

furano pirrol

Figura 12. Anillos de cinco átomos

Hay anillos atómicos que no están formados únicamente por átomos de carbono, sino que pueden intervenir otros átomos, generalmente, nitrógeno u oxígeno. En este caso, hay que especificar en la figura geométrica el átomo que no es carbono. Sólo así se puede estar seguro de que en un ángulo de la figura en el que no se especifica la clase de átomo, existe un átomo

3 — 3960

de carbono. A modo de ejemplo, en la figura 12 se enuncian dos compuestos, en las formas completa y geométrica.

En estos dos compuestos, *furano* y *pirrol,* el anillo consta sólo de cinco átomos, por lo que su representación geométrica es un pentágono.

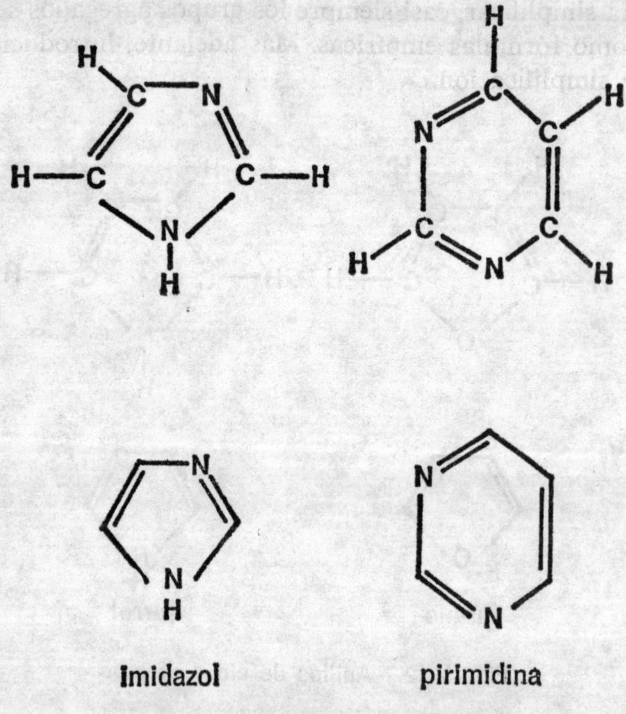

Figura 13. Anillos de dos nitrógenos

Desde luego, los anillos hexagonales también pueden contener átomos que no sean de carbono, y más de uno. En la figura 13 se dan algunos ejemplos. El *imidazol* es un anillo de cinco miembros con dos átomos de nitrógeno y la *pirimidina,* un anillo de seis miembros con dos átomos de nitrógeno.

También es posible que los átomos de carbono (con o sin otros átomos que no sean de carbono) adopten combinaciones de anillos. Por ejemplo, un anillo de benceno y un anillo de pirrol pueden combinarse formando *indol*, mientras que un anillo de pirimidina y un anillo de imidazol pueden combinarse y formar *purina*, tal como se indica en la figura 14.

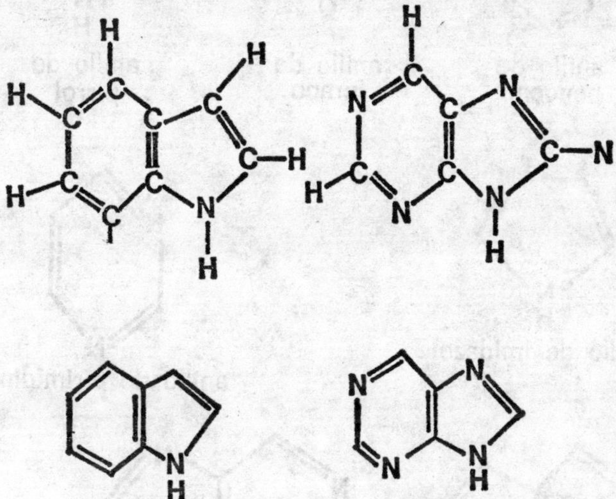

indol purina

Figura 14. Combinaciones de anillos

Éstas no son en modo alguno las únicas combinaciones posibles que se encuentran en los compuestos orgánicos. En realidad, algunos químicos han confeccionado catálogos de regular tamaño con las listas de los distintos anillos y combinaciones de anillos que pueden encontrarse, con los nombres respectivos.

A nosotros, sin embargo, nos bastarán los siete anillos y combinaciones indicados y que reproduzco a continuación, sólo en forma geométrica, en la figura 15.

Los ocho grupos y siete anillos enumerados en este capítulo comprenden todas las «sílabas» básicas que necesitamos para servirnos del lenguaje químico. (Sobre la marcha, añadiré uno o dos elementos adicionales.)

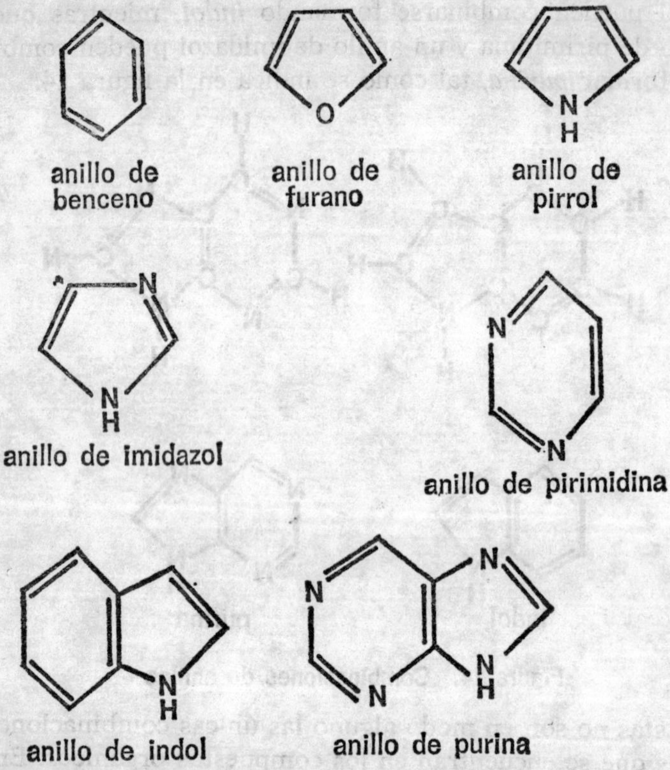

Figura 15. Lista de los anillos

Tal vez ello les parezca excesivamente simple. ¿Es posible explicar la extensa variedad y complejidad de la proteína con un «silabario» tan limitado?

Aunque parezca extraño, así es, como veremos en seguida.

Capítulo IV

LAS PIEZAS DE CONSTRUCCIÓN DE PROTEÍNAS

MOLÉCULAS GIGANTES

A principios del siglo XIX, cuando los químicos descubrieron la existencia del átomo, las primeras moléculas que estudiaron eran pequeñas, las «palabras monosílabas» que mencionamos al principio del capítulo anterior. Pero era imposible tratar las sustancias orgánicas sin tropezarse con moléculas realmente gigantes.

Afortunadamente, las moléculas gigantes debían su gran tamaño únicamente a la circunstancia de estar formadas por numerosas moléculas pequeñas unidas entre sí como las cuentas de un rosario. Fue posible tratar la molécula grande liberando las pequeñas moléculas al disociarlas de las unidades contiguas. Esta operación suele realizarse calentando la molécula grande en una solución ácida.

Si bien la molécula grande, intacta, es difícil de estudiar, las unidades pequeñas, una vez disueltas, se manejan con facilidad. Los conocimientos recogidos mediante el estudio de la estructura de las distintas piezas, permitieron deducir la estructura de la molécula gigante en su estado original.

Si consideramos las pequeñas unidades como «palabras» y la molécula grande, una «frase», la situación es parecida a la del que tiene que descifrar una inscripción en un idioma extranjero del que sólo posee nociones. Si ha de leer una frase de carrerilla, puede que no capte el significado; pero si va descifrando palabra por palabra con ayuda de un diccionario, tal vez llegue a enterarse.

La primera gran molécula, o *macromolécula,* estudiada por este sistema resultó sorprendentemente simple. Ya en 1814 se descubrió que el almidón, calentado en una solución ácida durante un tiempo suficiente, se descomponía en unidades de estructura idéntica. La estructura era *glucosa,* un tipo de azúcar cuya molécula tiene un tamaño que es la mitad del del azúcar corriente. Su fórmula empírica es $C_6H_{12}O_6$, o sea que esta molécula contiene sólo veinticuatro átomos. Sin embargo, cientos y hasta miles de estas unidades unidas forman una sola molécula de almidón, compuesta, por lo tanto, por cientos de miles de átomos.

La *celulosa,* la sustancia endurecedora de la madera, también se descompone en glucosa, la misma glucosa que se encuentra en el almidón. Pero en la celulosa, las unidades de glucosa están unidas de un modo distinto a como lo están las del almidón.

Con el tiempo, se observó que otras macromoléculas estaban formadas por largas cadenas de una sola unidad. El caucho es buen ejemplo de ello, ya que está compuesto por moléculas de *isopreno,* un hidrocarburo de cinco carbonos, relativamente simple.

En el siglo XX, los químicos descubrieron la forma de fabricar macromoléculas que no se dan en la Naturaleza. Idearon métodos para unir muchas moléculas de una unidad determinada (en algunos casos, de dos unidades) para producir caucho y fibras sintéticas y gran variedad de plásticos.

Todas estas macromoléculas, naturales y sintéticas, tenían en común su gran tamaño y su composición, formada por miles de unidades. Pero, aunque grandes, estas moléculas carecen de complejidad. Comprenderán lo que quiero decir si piensan que un largo hilo de cuentas, de idéntico color y tamaño, no tiene nada de complejo. No requiere la menor creatividad enhebrar cuentas; la tira puede ser más larga o más corta, de una sola vuelta o de dos; pero no puede haber más diferencia.

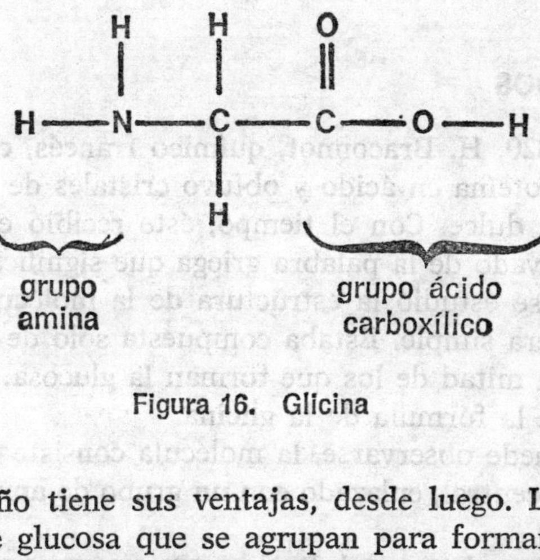

Figura 16. Glicina

El tamaño tiene sus ventajas, desde luego. Los miles de unidades de glucosa que se agrupan para formar la celulosa producen una sustancia dura y fuerte que permite al árbol resistir la acometida del vendaval y nos proporciona un material nada desdeñable para construir nuestros refugios. Por otra parte, la macromolécula del almidón es un excelente medio para almacenar la energía que contiene la molécula de glucosa con perfecta estabilidad hasta el momento de utilizarla. Entonces, las moléculas de almidón pueden descomponerse fácilmente y las unidades de glucosa, introducirse en la corriente sanguínea.

No obstante, las macromoléculas del orden del almidón y la celulosa no desempeñan una función auténticamente activa en el proceso de la vida. Son materiales pasivos que no actúan sino que reciben la acción de otros.

Con la proteína ocurre algo distinto. Ésta es una macromolécula que, al igual que el almidón y la celulosa, posee gran tamaño y está formada también por pequeñas unidades unidas como las cuentas de un collar. Ahora bien, las moléculas de proteína presentan, además, cierta complejidad. Veamos en qué consiste, en la figura 16.

AMINOÁCIDOS

Hacia 1820, H. Braconnot, químico francés, calentó la gelatina de proteína en ácido y obtuvo cristales de un compuesto de sabor dulce. Con el tiempo, éste recibió el nombre de *glicina*, derivado de la palabra griega que significa «dulce».

Cuando se estudió la estructura de la molécula de glicina se vio que era simple. Estaba compuesta sólo de diez átomos, menos de la mitad de los que forman la glucosa. En la figura 16 se indica la fórmula de la glicina.

Como puede observarse, la molécula consiste en un átomo de carbono central, enlazado con un grupo de aminas * por un

* Espero que haya quedado claro que un grupo químico puede enunciarse tanto de izquierda a derecha como de derecha a izquierda. Por ejemplo, un grupo hidroxilo puede escribirse HO— u —OH, un grupo amina, NH_2— o —H_2N; y un grupo carboxilo, —COOH o HOOC—, según se visualice desde delante o desde detrás. La naturaleza del grupo no varía en relación con el punto de vista desde el que sea contemplado. En la figura 16, he escrito la fórmula de la glicina «hacia atrás» con respecto al enunciado hecho en la fórmula de la metilamina dada en la figura 7, pero ello no tiene importancia. Análogamente, si el anillo de benceno, por ejemplo, se contempla desde atrás los enlaces dobles parecen apuntar en el sentido inverso al de las saetas del reloj. Pero ello tampoco tiene importancia.

lado y con un grupo de ácido carboxílico por otro. Los dos enlaces restantes están ocupados por átomos de hidrógeno. Naturalmente, un compuesto que contiene un grupo de aminas y un grupo de ácido carboxílico puede considerarse un *aminoácido* y lo es. En realidad, la glicina es un ejemplo de aminoácido eminentemente simple.

Si todo hubiese terminado aquí, la macromolécula de proteína no se consideraría más compleja que la del almidón o cualquier otra. Pero Braconnot fue más allá, y de los productos de descomposición de la proteína obtuvo un segundo aminoácido al que llamó *leucina* (de la palabra griega que significa «blanco») porque blancos eran los cristales que obtuvo.

A medida que iban pasando las décadas, otros investigadores descubrían más aminoácidos. Ya en 1935 se halló un nuevo e importante aminoácido cuya existencia no se sospechaba, entre los productos de la descomposición de las moléculas de proteína. Estos aminoácidos son, pues, las piezas de construcción que componen las moléculas de proteína.

El número de diferentes aminoácidos hallados en los tejidos vivos es bastante grande. Algunos de ellos, no obstante, no se encuentran en las moléculas de proteína sino que se dan en otros elementos. Otros se encuentran en las moléculas de proteína, pero sólo en uno o dos casos extraordinarios.

Si nos limitamos a los aminoácidos que se encuentran en todas o casi todas las moléculas de proteína, su número es bastante manejable: 21. Añádase a éstos otro aminoácido que se encuentra principalmente en sólo una molécula de proteína (aunque muy importante) y tenemos un total de 22.

Una de las características que distinguen a la molécula de proteína es la de que ninguna otra macromolécula, natural o sintética, está formada por tantas unidades diferentes, ni siquiera por la cuarta parte.

Para demostrar la importancia de esta característica, volvamos al ejemplo de la tira de cuentas. Imaginen que, en lugar de una serie de cuentas idénticas les presentan veintidós juegos, todos distintos entre sí por color, forma y tamaño. En este caso, se puede producir una gran variedad de fantásticos dibujos, simetrías insospechadas y agradables gradaciones que, de otro modo, hubieran sido imposibles.

Es lo que ocurre con la molécula de proteína.

Pero observemos más detenidamente los aminoácidos, para ver cómo aparecen estas diferencias, en qué modo imprimen su sello en la molécula de proteína y crean la posibilidad de obtener una variedad prácticamente infinita.

Para una mayor claridad, voy a permitirme una forma esquemática para el manejo de las fórmulas estructurales. Se trata de ampliar el principio geométrico que sirve para representar los anillos de átomos, a átomos que no forman parte de anillos. (Ello supone ir más allá de lo que suelen ir los químicos profesionales en la simplificación de fórmulas, pero no importa. Este libro no está dirigido a los químicos profesionales. Su única finalidad es la de explicar la base química de la herencia en la forma más simple y directa y si para eso se requiere un poco de innovación... pues ¡adelante!)

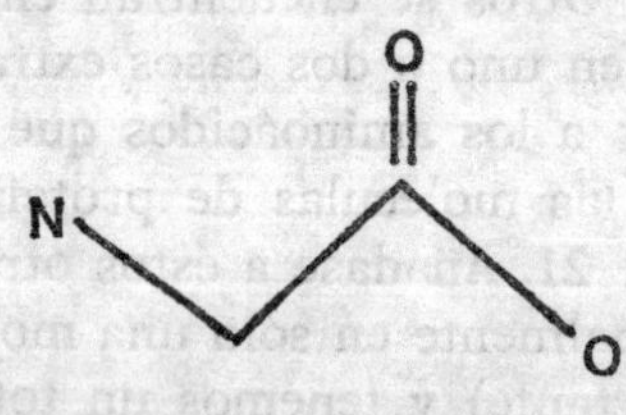

Figura 17. Glicina (zigzag)

Al explicar la formación de las figuras geométricas indicadas en la figura 15 dije que en cada ángulo desocupado hay un átomo de carbono. Análogamente, todo enlace de carbono que no se indica se supone conectado a un átomo de hidrógeno.

Ampliemos ahora este principio trazando una línea en zigzag para los átomos que no forman anillo. Podemos seguir suponiendo que en todos los ángulos (y extremos) no ocupados hay un átomo de carbono. Además, podemos aplicar también la regla del «hidrógeno existente aunque no aparente» a átomos que no sean de carbono.

Por ejemplo, en la figura 17 represento la «fórmula en zigzag» de la glicina que el lector puede comparar con la fórmula completa de la figura 16.

El paso siguiente es averiguar en qué se diferencian de la glicina los otros aminoácidos que componen la molécula de proteína. En general, puede decirse que todos poseen un átomo de carbono central al que están unidos por un enlace un grupo amino y, por otro, un grupo de ácido carboxílico.

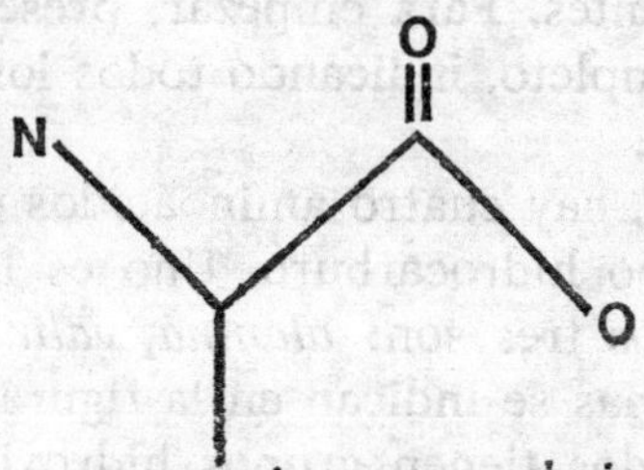

Figura 18. Aminoácido (zigzag)

Las diferencias se producen de la siguiente forma: en la glicina, el tercer y cuarto enlace del átomo de carbono central están unidos a átomos de hidrógeno. En los demás aminoácidos el tercer enlace está unido a un átomo de hidrógeno, pero el cuarto está unido a un átomo de carbono que, a su vez, forma parte de un grupo de átomos más o menos complicado llamado *cadena secundaria.*

La diferencia se aprecia claramente comparando la fórmula general de los aminoácidos en forma de zigzag que se indica en la figura 18 con la fórmula en zigzag de la glicina representada en la figura 17.

Cada aminoácido tiene su propia cadena secundaria característica, y la diferencia esencial entre los aminoácidos radica en la naturaleza de esta cadena secundaria.

CADENAS SECUNDARIAS

Vamos a examinar ahora cada uno de los veintiún aminoácidos que nos ocupan, además de la glicina, con sus respectivas cadenas secundarias, para hacernos una idea de las diferencias existentes. Para empezar, presentaré cada cadena secundaria al completo, indicando todos los átomos, para que quede constancia.

Primeramente, hay cuatro aminoácidos cuya cadena secundaria es un grupo hidrocarburo. Uno es la leucina, ya mencionada. Los otros tres son: *alanina, valina e isoleucina.* Sus cadenas secundarias se indican en la figura 19.

Dos aminoácidos tienen grupos hidroxilos en las cadenas secundarias. Son: *serina* y *treonina,* y sus cadenas secundarias aparecen en la figura 20. La treonina fue, precisamente, el último grupo que se descubrió, en 1935. Los químicos están casi seguros de que no queda ya ningún otro aminoácido importante por descubrir (es decir, un aminoácido que se dé en todas o casi todas las proteínas).

Dos aminoácidos contienen grupos de ácido carboxílico en la cadena secundaria. Son el *ácido aspártico* y el *ácido glutámico.* Otros dos aminoácidos, muy parecidos a los anteriores tanto por el nombre como por la estructura, tienen un grupo

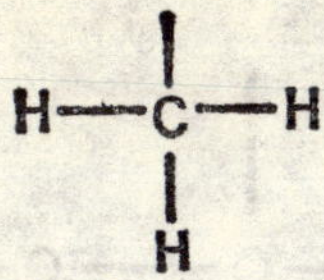

cadena secundaria
de alanina

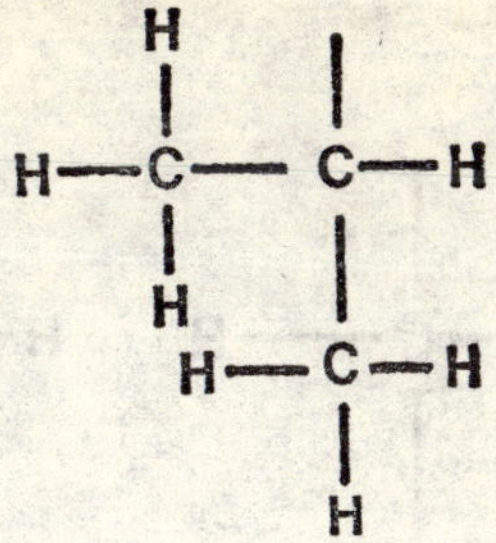

cadena secundaria
de valina

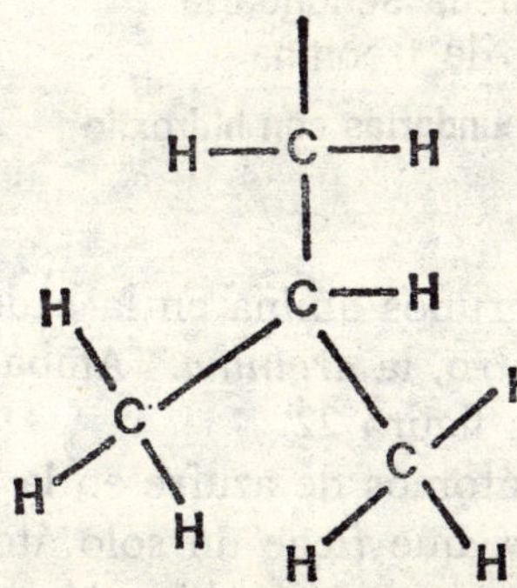

cadena secundaria
de leucina

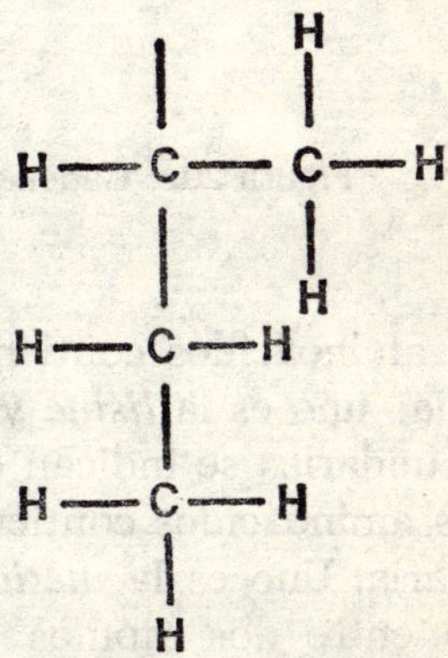

cadena secundaria
de isoleucina

Figura 19. Cadenas secundarias de hidrocarburos

amida en lugar del grupo carboxil y son la *asparagina* y la *glutamina*. Las cuatro cadenas secundarias se indican en la figura 21.

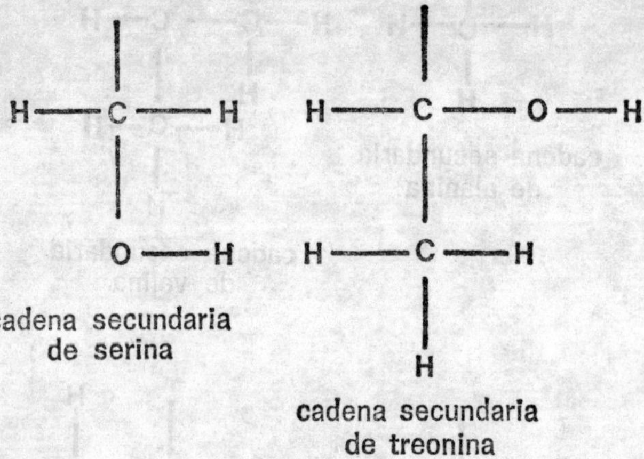

Figura 20. Cadenas secundarias con hidroxilo

Dos aminoácidos contienen grupos amina en la cadena secundaria; uno es la *lisina* y el otro, la *arginina*.* Ambas cadenas secundarias se indican en la figura 22.

Tres aminoácidos contienen átomos de azufre en la cadena secundaria. Uno es la *metionina,* que tiene un solo átomo de sulfuro entre dos átomos de carbono (combinación que en ocasiones recibe el nombre de *tio-éter*. Otro, la *cisteína,* posee un grupo de tiol, mientras que un tercero, la *cistina,* tiene un

* La combinación de tres átomos de nitrógeno unidos a un átomo de carbono central que se da en la cadena secundaria de la arginina se llama *grupo guanido.* Éste no interesa de modo especial para la finalidad de este libro, pero lo menciono para recordar al lector que existen otros grupos de átomos además de los que se indican en el capítulo anterior.

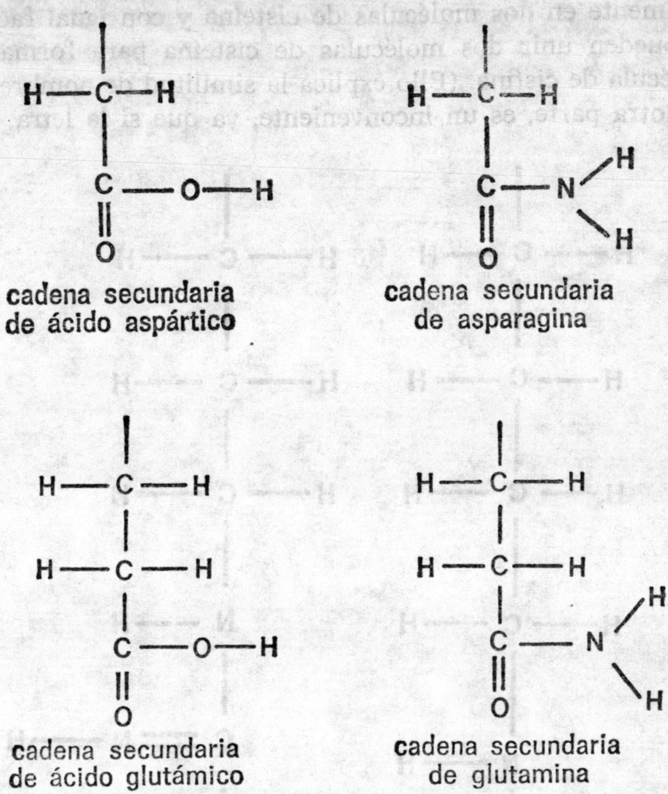

Figura 21. Cadenas secundarias con carboxilo y amidas

grupo bisulfuro. Las tres cadenas secundarias se indican en la figura 23.

Obsérvese que en el extremo de la cadena secundaria de la molécula de cistina existe una formación de aminoácidos. Si las moléculas se enunciaran completamente, la figura resultante sería la de dos moléculas de cistina conectadas entre sí por el grupo de bisulfuro. La molécula de cistina se descompone fácilmente en dos moléculas de cisteína y con igual facilidad se pueden unir dos moléculas de cisteína para formar una molécula de cistina. (Ello explica la similitud de nombres que, por otra parte, es un inconveniente, ya que si la letra «e» se

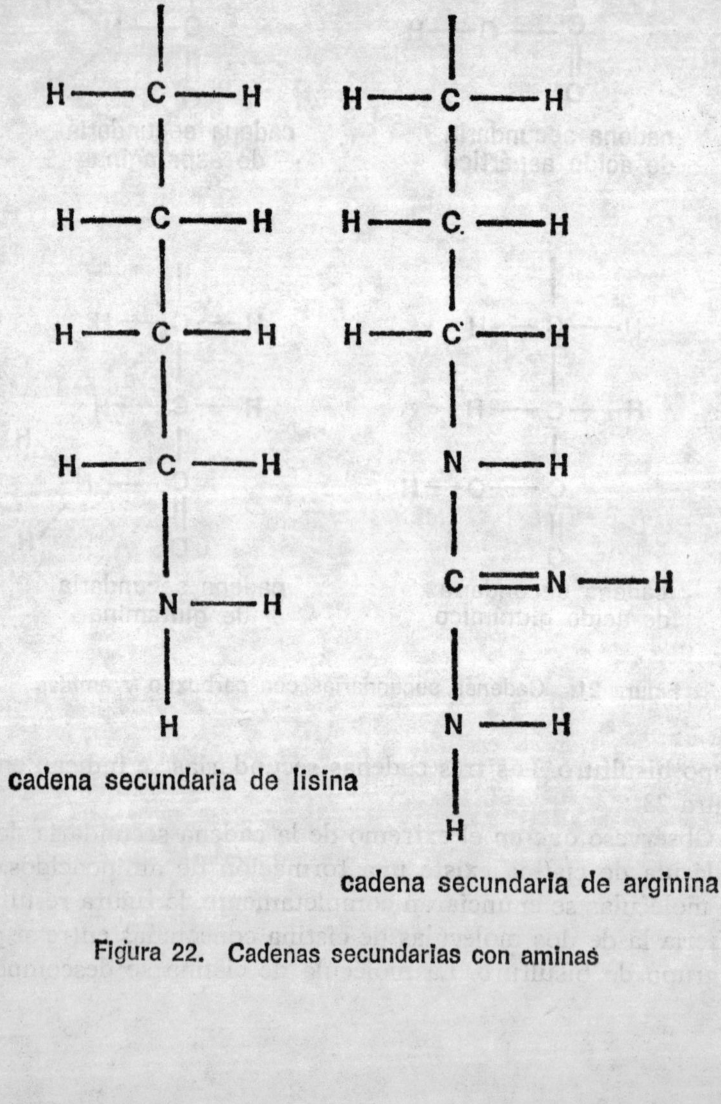

Figura 22. Cadenas secundarias con aminas

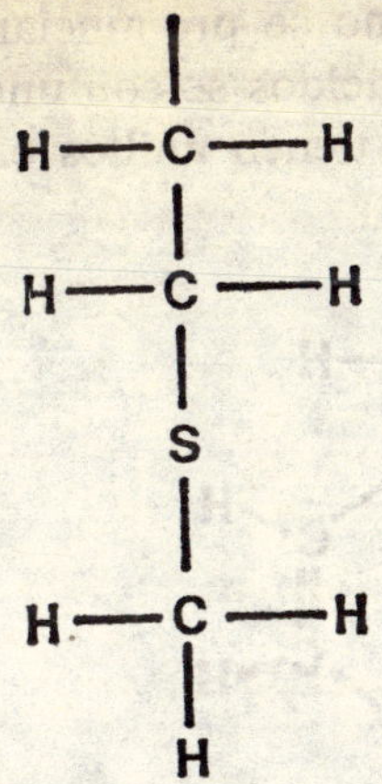

cadena secundaria
de metionina

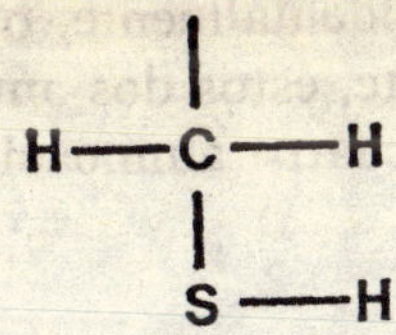

cadena secundaria de cisteína

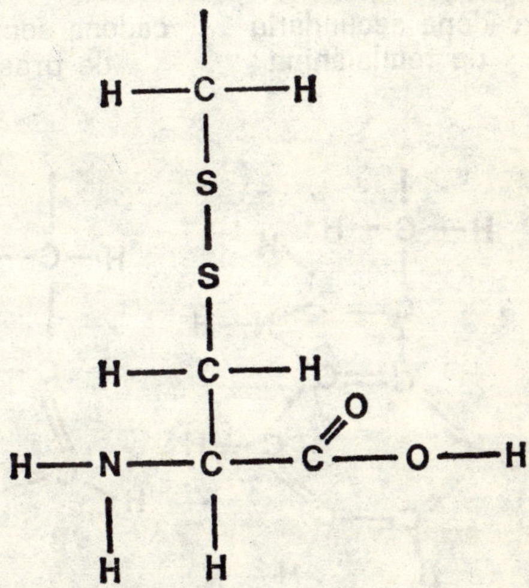

cadena secundaria de cistina

Figura 23. Cadenas secundarias con azufre

omite o se añade accidentalmente, o si no se pronuncian los nombres correctamente, estos dos aminoácidos se confunden.)

Nada menos que cuatro aminoácidos tienen anillos en las

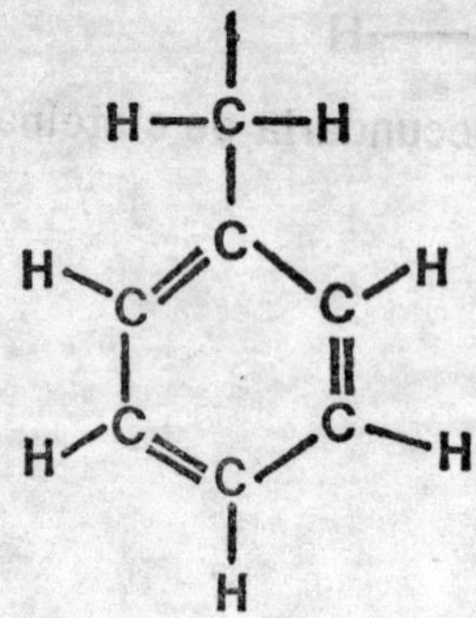

cadena secundaria
de fenilalanina

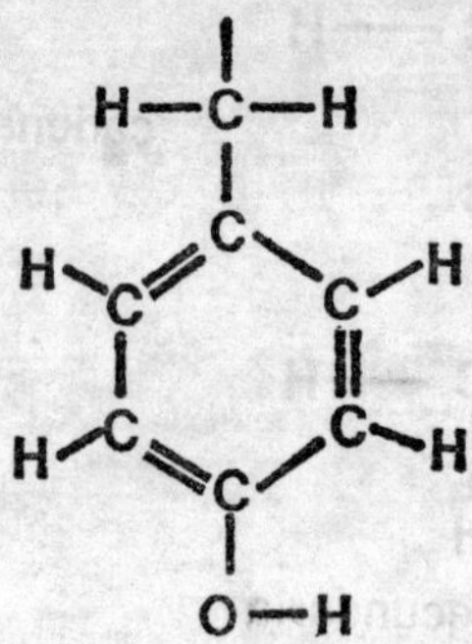

cadena secundaria
de tirosina

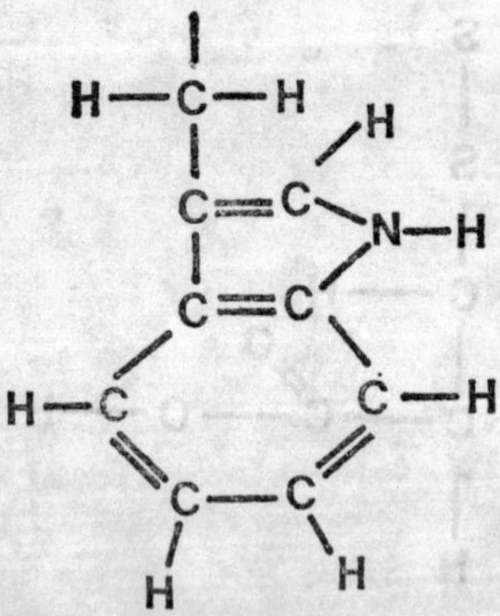

cadena secundaria
de triptófano

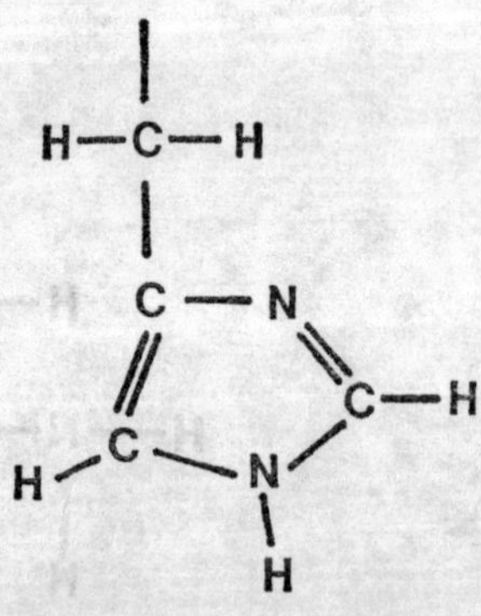

cadena secundaria
de histidina

Figura 24. Cadenas secundarias con anillos

cadenas secundarias. Dos, *fenilalanina* y *tirosina*, tienen anillos de benceno; uno, el *triptófano*, tiene un anillo de indol y el cuarto, *histidina*, tiene un anillo de amidazol. Las cadenas secundarias se indican en la figura 24.

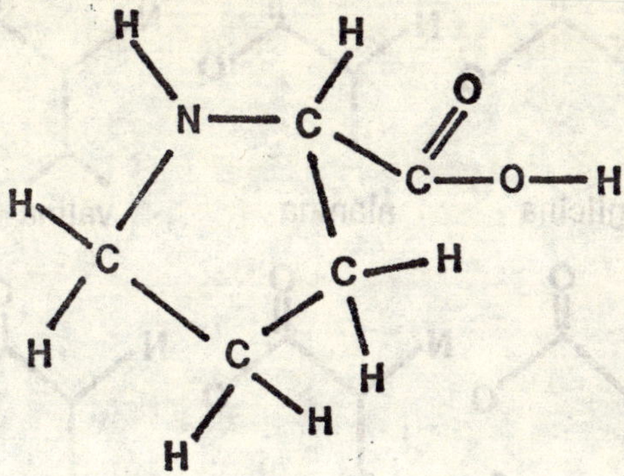

prolina

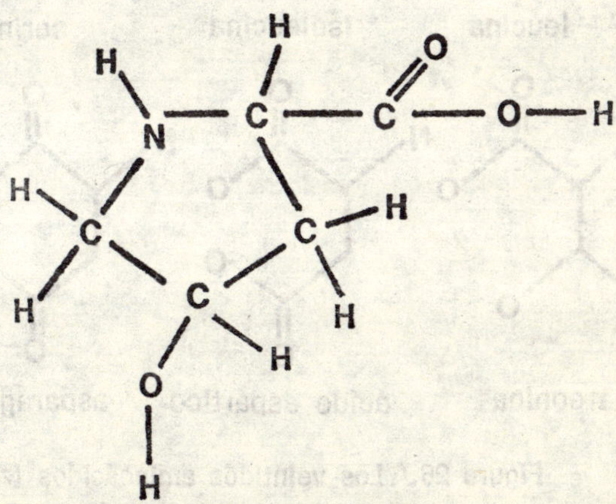

hidroxiprolina

Figura 25. Prolina e hidroxiprolina

Por último, hay dos aminoácidos cuyas cadenas secundarias presentan una peculiaridad. Giran sobre sí mismas y se unen al grupo amino conectado al átomo de carbono central.

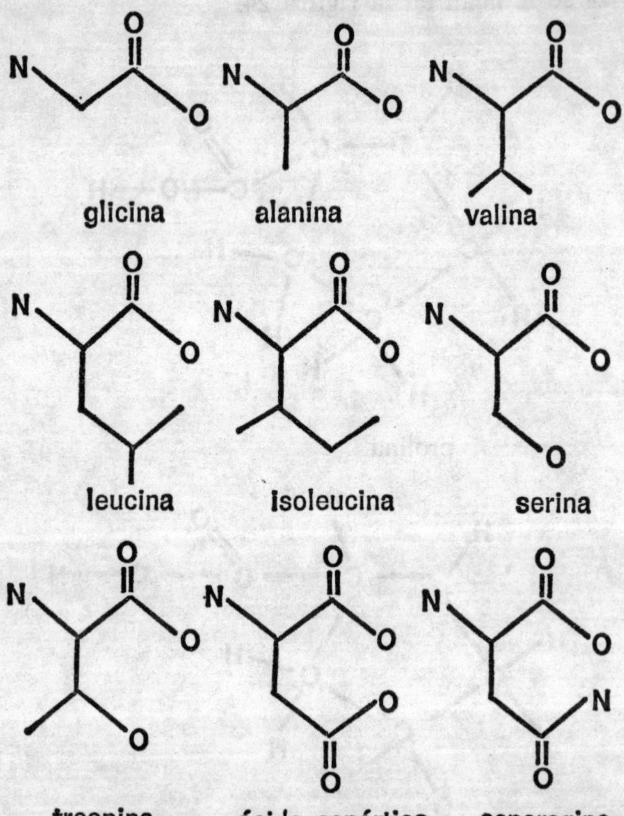

Figura 26.A Los veintidós aminoácidos (zigzag)

Por ello, en la figura 25, se indican completas las fórmulas de estos dos aminoácidos, *prolina* e *hidroxiprolina.* Obsérvese que cada compuesto (pirrol) adopta la disposición de un anillo

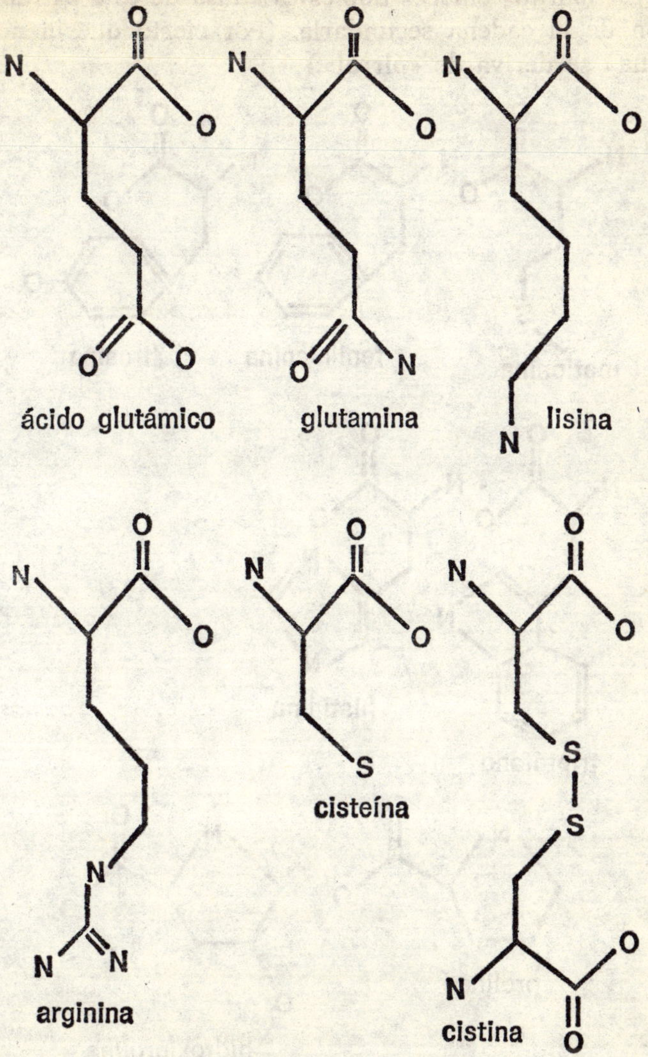
O
N
O
O
O
ácido glutámico
O
N
O
O
N
glutamina
O
N
O
N
lisina
O
N
O
N
N
N
arginina
O
N
O
S
cisteína
O
N
O
S
S
O
N
O
cistina

Figura 26. B

de pirrol (sin los enlaces dobles) a causa de esta extraña formación de la cadena secundaria. (Por cierto que el nombre «prolina» se deriva de «pirrol».)

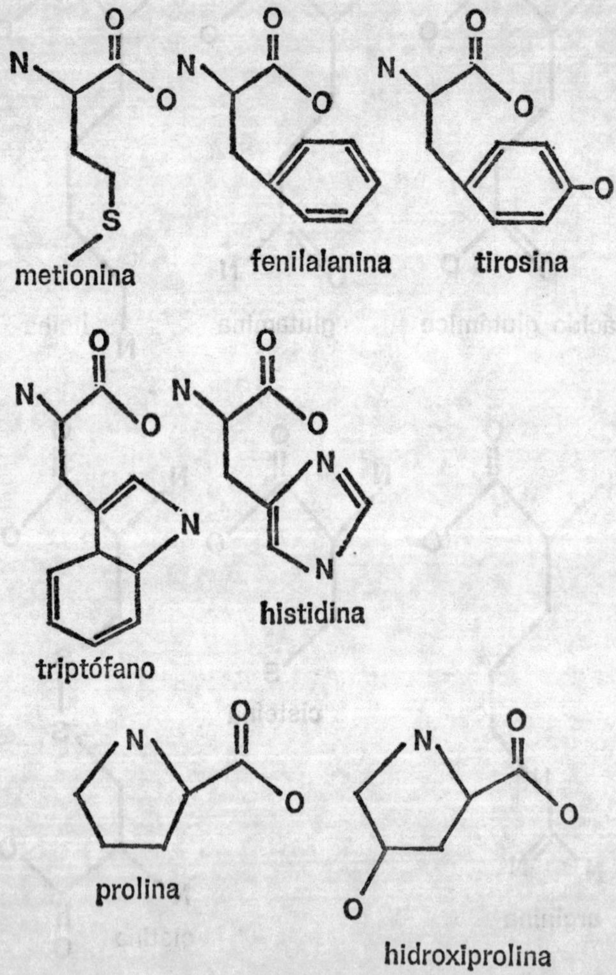

Figura 26. C

A propósito, la hidroxiprolina es el aminoácido que sólo se encuentra en una proteína. Ésta es el *colágeno*, que forma buena parte del tejido conjuntivo de los cuerpos animales, incluido el nuestro, por supuesto. Se halla en la piel, en el cartílago, en ligamentos y tendones, en los huesos, cascos y cuernos. Si se hierve prolongadamente, el colágeno se descompone en una proteína familiar, la gelatina, por lo que en ésta aparece también la hidroxiprolina.

La lista está completa. Ya tenemos los veintidós aminoácidos, las veintidós «palabras» que componen la «frase» de la molécula de proteína.* Ahora me parece conveniente dar, a modo de resumen, una lista de todos los aminoácidos con fórmula de zigzag, tal como aparecen en la figura 26. En ella se aprecian las diferencias estructurales y las afinidades familiares. Aplicando las reglas que se dan unas cuantas páginas atrás, el lector puede, si lo desea, convertir cada uno de estos zigzags en fórmula completa.

DE LA PALABRA A LA FRASE

Puesto que ya conocemos las «palabras», veamos cómo podemos unirlas para formar una «frase». Este problema no fue resuelto hasta la primera década del siglo XX, con la primera demostración satisfactoria de esta operación, hecha por el químico alemán Emil Fischer.

* Debo señalar que la cifra de veintidós puede considerarse arbitraria. Algunos bioquímicos consideran la asparagina y la glutamina como simples variedades de los ácidos aspártico y glutámico, por lo que sólo distinguen veinte aminoácidos distintos. Otros se resisten a contar la hidroxiprolina, que no se da en más proteínas que el colágeno, y otros prefieren contar la cistina y la cisteína como variedades de una estructura única, con lo que el número de aminoácidos quedaría reducido a dieciocho. De todos modos, yo prefiero adoptar la opinión más liberal y atenerme a la cifra de veintidós.

Fischer demostró que dos aminoácidos se combinan al unirse el grupo de ácido carboxílico de uno con el grupo amino del otro y que, en el proceso, se pierde una molécula de agua. Si, a fin de simplificar, utilizamos dos moléculas de glicina, la unión se produce tal como se indica en la figura 27, en la que se muestra la posición de cada átomo.

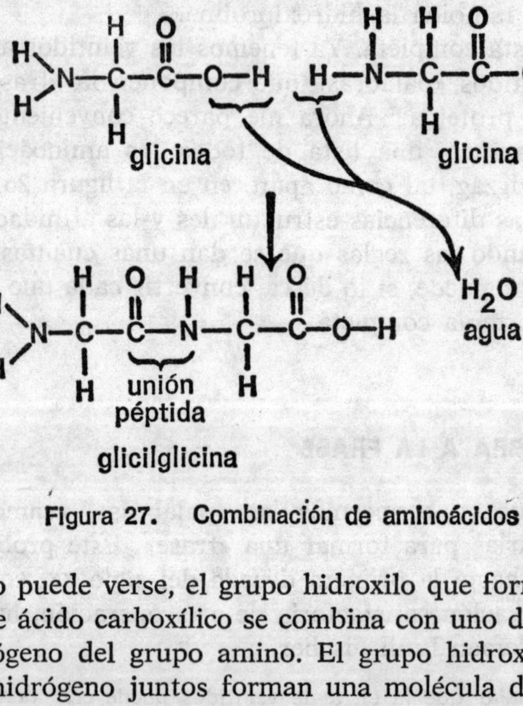

Figura 27. Combinación de aminoácidos

Como puede verse, el grupo hidroxilo que forma parte del grupo de ácido carboxílico se combina con uno de los átomos de hidrógeno del grupo amino. El grupo hidroxilo y el átomo de hidrógeno juntos forman una molécula de agua, H_2O, que se elimina. Con la eliminación del grupo hidroxilo y del átomo de hidrógeno, a cada molécula de glicina le queda un enlace libre y éstos se unen para formar la *glicilglicina*.

Estas combinaciones de aminoácidos se llaman *péptidos*, nombre derivado de la palabra griega que significa «digerir», por haber sido obtenidos por primera vez de proteína semidigerida. La combinación de átomos que forma la unión entre los aminoácidos es —CONH— (en la que pueden verse los restos del grupo de ácido carboxílico y del grupo amino originales) y se llama *conexión péptida.*

La glicilglicina es un péptido compuesto por dos aminoácidos, por lo que recibe el nombre de *bipéptido.* (Es lo que podríamos llamar una «frase de dos palabras».) Pero la glicilglicina todavía tiene un grupo amino en un extremo y un grupo de ácido carboxílico en el otro, por lo que puede combinarse con otros aminoácidos por uno o por ambos extremos. De este modo pueden construirse *tripéptidos, tetrapéptidos, pentapéptidos,* etcétera.*

No hay límite en el número de aminoácidos que pueden unirse por conexión péptida. Un péptido compuesto de un número de aminoácidos no determinado se llama *polipéptido,* ya

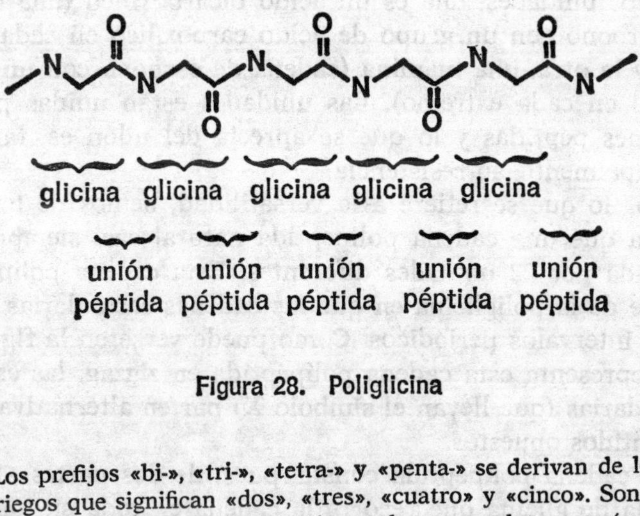

Figura 28. Poliglicina

* Los prefijos «bi-», «tri-», «tetra-» y «penta-» se derivan de los prefijos griegos que significan «dos», «tres», «cuatro» y «cinco». Son numerales que se utilizan con frecuencia en la nomenclatura química. El compuesto octano normal indicado en la figura 5 tiene ocho átomos de carbono y el prefijo «oct-» se deriva del griego «ocho».

que el prefijo «poli» se deriva de la palabra griega que significa «muchos».

Supongamos que deseamos enunciar un gran número de moléculas de glicina unidas por conexiones péptidas. La figura en zigzag que obtenemos es la que se indica en la figura 28.

Este polipéptido, formado únicamente por unidades de glicina, es la *poliglicina.* Una molécula de poliglicina no es más compleja ni tiene mayor versatilidad de tipo proteínico que cualquier otra macromolécula formada únicamente por unidades de una o dos variedades. Un polipéptido natural formado en su mayor parte por glicina y alanina es la seda, cuya falta de complejidad es evidente. La seda es utilizada por los organismos que la forman únicamente para aprovechar la fuerza de su fibra. Es poco más que una especie de versión animal de la celulosa.

Otro ejemplo es la fibra artificial nilón. Ésta está formada por dos unidades, una es un ácido bicarboxílico (una cadena de carbono con un grupo de ácido carboxílico en cada extremo) y la otra, una biamina (cadena de carbono con un grupo amino en cada extremo). Las unidades están unidas por conexiones péptidas y lo que se aprecia del nilón es, también, principalmente, su resistencia.

Por lo que se refiere a la versatilidad, hemos de tener en cuenta que una cadena polipéptida natural casi siempre está formada por 22 unidades diferentes. Esta cadena polipéptida difiere de la poliglicina en que las cadenas secundarias aparecen a intervalos periódicos. Como puede verse en la figura 29 que representa esta cadena polipéptida en zigzag, las cadenas secundarias (que llevan el símbolo X) parten alternativamente en sentidos opuestos.

La cadena polipéptida consta, pues, de dos partes: 1) una médula de glicina que recorre la cadena en toda su longitud, y 2) varias cadenas secundarias que parten de dicha médula.

Puesto que lo único que nos interesa son las características de la molécula de proteínas que le dan su versatilidad, pasaremos por alto el rasgo común y nos concentraremos en las cadenas secundarias. Los detalles de la médula de poliglicina (ahora que ya los conocemos) carecen de importancia y, para nuestro objetivo, podemos representarlos perfectamente por

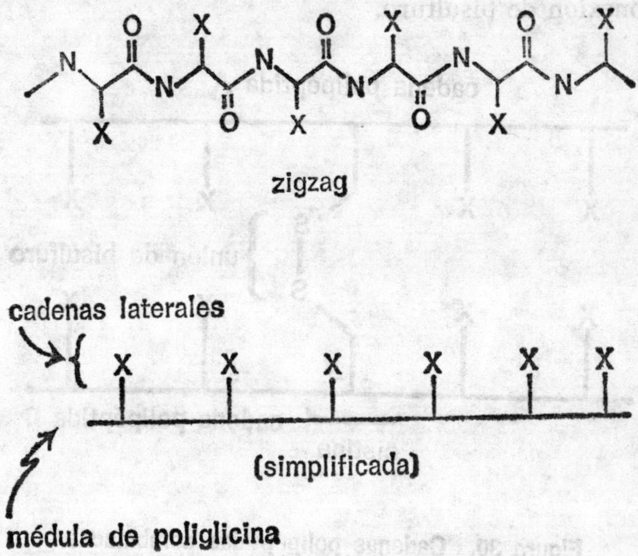

Figura 29. La cadena polipéptida

una simple línea recta. Para una mayor simplificación, haremos partir todas las cadenas secundarias de un mismo lado. La figura 29, que muestra la cadena de polipéptidos en forma de zigzag, también ha sido simplificada de este modo para facilitar la comparación.

A menudo, la molécula de proteína consiste sólo en una cadena de polipéptidos. Pero también puede tener dos o tres cadenas de polipéptidos, unidas por moléculas de cistina. Si observan la fórmula de la cistina de la figura 23 verán que en ambos extremos hay sendas combinaciones de aminoácidos. Esto quiere decir que un extremo aminoácido puede formar parte de una cadena polipéptida y el otro, formar parte de otra, como puede verse en la fórmula simplificada en la figura 30. En este caso, las cadenas polipéptidas están unidas por una conexión de bisulfuro.

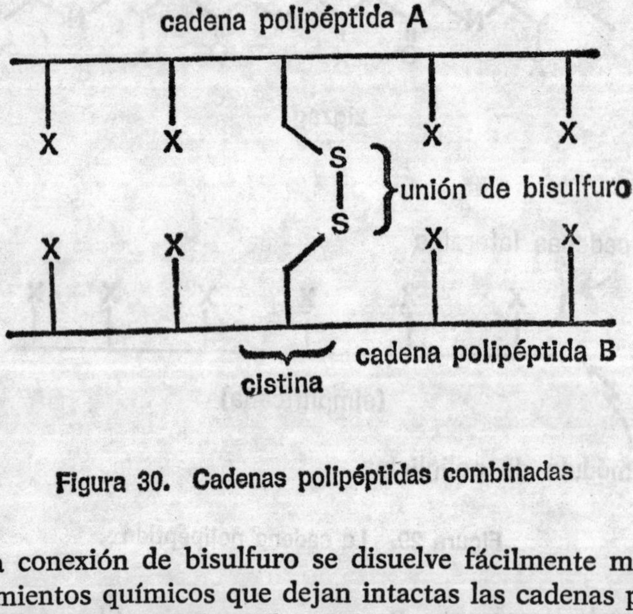

Figura 30. Cadenas polipéptidas combinadas

La conexión de bisulfuro se disuelve fácilmente mediante tratamientos químicos que dejan intactas las cadenas polipéptidas en sí, de manera que los químicos pueden estudiarlas por separado. Una vez Fischer hubo determinado la naturaleza de la médula de poliglicina y resuelto esta parte del problema, los químicos pudieron concentrarse en la disposición de las cadenas secundarias, aspecto del que también nosotros nos ocuparemos a continuación.

Capítulo V

FIGURA DE LA PROTEÍNA

NÚMERO Y ORDEN

Las cadenas secundarias presentan un amplio espectro de propiedades. Algunas, como las de la tirosina y el triptófano, son grandes y abultadas, mientras que otras, como las de la alanina y la serina, son pequeñas. Hay cadenas secundarias, como la de la treonina, que llevan un grupo hidroxilo y las hay que no lo llevan; algunas, como las del ácido aspártico y el ácido glutámico, suelen llevar una carga eléctrica negativa, mientras que otras, como las de la lisina y la arginina, llevan una carga eléctrica positiva. La mayoría no llevan carga eléctrica alguna.

Ello hace que una molécula de proteína determinada puede presentar una disposición de cadenas secundarias que en un punto aparezcan abultadas y en otro no, que aquí distribuyan cargas eléctricas negativas, allí las distribuyan positivas y más allá no distribuyan ninguna.

Desde este punto de observación, podemos imaginar cómo habría de actuar un anticuerpo. Podría construirse una proteína con una disposición de cadenas secundarias que se ajustara a la disposición de las cadenas secundarias de una proteína extraña, un virus o un punto clave de una superficie bacteriana. La coincidencia puede consistir en el encuentro de una carga eléctrica negativa del anticuerpo con una carga positiva de la moléclua invasora, por atracción mutua; o bien una protuberante aglomeración de átomos en una molécula puede encajar con una hendidura de otra. En cualquier caso, anticuerpo y presa se unen firmemente y su combinación resulta inofensiva para el cuerpo. Desde luego, un anticuerpo determinado con una configuración ajustada exactamente a una especie de molécula determinada no encajará con otra (o, en todo caso, sólo encajará con las que sean muy parecidas a su pareja).

También podemos imaginar cómo actúa una enzima. Una enzima determinada podría tener las cadenas secundarias configuradas de tal modo que dos elementos químicos de reacción recíproca vayan a insertarse en receptáculos contiguos. Al ser puestos en contacto por un intermediario se producirá la reacción y el lugar quedará disponible para otra pareja, de manera que la reacción proseguirá a un ritmo más rápido del que se desarrollaría sin la enzima. Naturalmente, una enzima producida para un tipo de reagente no encajará con otro.

Por lo tanto, para comprender la acción de una proteína es necesario conocer la configuración de todas sus cadenas secundarias. Ello no quiere decir que este conocimiento dé la respuesta a todas las preguntas; probablemente, no será así. Pero, sin conocer la configuración, será totalmente imposible descubrir tal respuesta. De manera que el estudio de la configuración es imprescindible.

La configuración puede abordarse en tres etapas. Dado que en los capítulos anteriores he utilizado el ejemplo del lenguaje corriente para explicar la estructura molecular, voy a seguir utilizándolo para presentar estas tres etapas.

La primera consiste en averiguar qué unidades de aminoácido contiene una molécula de proteína determinada. Ello equivale a determinar cuáles son exactamente las palabras que componen una frase. Evidentemente, si cambiamos una palabra, el significado de la frase puede cambiar. Por ejemplo, en las frases:

Juan sólo golpeó a Jaime en un ojo y
Juan sólo golpeó a Jaime en un sueño

la sustitución de una palabra clave cambia todo el sentido.

Una vez se conocen todas las unidades de aminoácidos, la segunda etapa consiste en determinar con exactitud el orden en que cada unidad está colocada en la cadena polipéptida.

Ello equivale a determinar el orden en que cada palabra está colocada en la frase. El significado de la frase puede modificarse si cambiamos el orden de colocación de las palabras aunque no sustituyamos ninguna. Veamos:

Juan sólo golpeó a Jaime en un ojo,
Juan golpeó sólo a Jaime en un ojo,
Sólo Juan golpeó a Jaime en un ojo,
Juan golpeó a Jaime sólo en un ojo, etcétera.

Finalmente, existe una tercera posibilidad de cambio que requiere una breve explicación.

La cadena polipéptida puede doblarse dentro de ciertos límites. La cadena se mantiene doblada por efecto de una leve fuerza eléctrica que se genera cuando un átomo de hidrógeno se encuentra entre dos átomos de nitrógeno próximos entre sí, o entre dos átomos de oxígeno o entre un átomo de oxígeno y otro de nitrógeno. Este enlace se llama *enlace de hidrógeno* por la función clave que desempeña el átomo de hidrógeno.

Mientras los enlaces de hidrógeno se mantienen intactos

la cadena polipéptida mantiene su posición curvada y las cadenas secundarias se encuentran en las posiciones adecuadas para que la molécula actúe como anticuerpo, enzima o cualquier otro elemento específico.

Cualquier forma de trato duro, incluso un ligero calentamiento, es suficiente para romper los débiles enlaces de hidrógeno. Cuando esto ocurre, la cadena polipéptida se deforma. Dado que la disposición de las cadenas secundarias se ha deshecho, la molécula de proteína no puede seguir desempeñando su función. A ello se debe la facilidad con que pueden desnaturalizarse la mayoría de las proteínas y el carácter permanente de tal desnaturalización.

La tercera etapa de la indagación de la configuración de la proteína es la determinación de la curvatura de la cadena polipéptida. En el estudio de la frase gramatical, esta etapa consistiría en determinar el contexto exacto de la aseveración. Y es que el significado de la frase:

Juan sólo golpeó a Jaime en un ojo

varía según se trate de dos jóvenes boxeadores que estén peleando en el ring o de dos maduros catedráticos de una facultad universitaria durante una reunión del claustro.

Después de que Fischer estableciera la naturaleza de la médula de poliglicina, los químicos siguieron estudiando el problema de la configuración de la proteína durante toda una generación, sin realizar avances notables.

Como queda dicho, hasta 1935 no se descubrió el último aminoácido. Pero ni siquiera conociendo todos los aminoácidos se pudo resolver ni la primera fase del problema. Una molécula de proteína podía ser descompuesta fácilmente en todos los aminoácidos que la integraban; pero en los años treinta los químicos no daban con el modo de clasificar la mezcla. En realidad, en 1944 aún no se sabía con exactitud el número de cada aminoácido que se encontraba en una determinada molécula de proteína y las soluciones a la segunda y tercera fases del problema estaban todavía fuera del alcance de la vista.

Pero en 1944 una hoja de papel absorbente vino a señalar el camino.

LA CONFIGURACIÓN. VERSIÓN PEQUEÑA

Aquel año, dos bioquímicos ingleses, A. J. P. Martin y R. L. M. Synge idearon una técnica mediante la cual una mezcla de aminoácidos, obtenidos de la descomposición de una molécula de proteína determinada, se colocaba sobre un filtro de papel poroso y se dejaba secar. El borde del papel se sumergía después en un líquido orgánico que avanzaba lentamente por las fibras por efecto de la capilaridad. (Si introducen la punta de un secante en un vaso de agua podrán ver por sí mismos la acción de la capilaridad.)

Cuando el líquido pasaba por el lugar en el que se había secado la mezcla de aminoácidos, éstos eran arrastrados por él. Cada aminoácido se desplazaba a distinta velocidad y, al cabo de poco tiempo, cada uno se había separado de los demás. Después, no fue difícil encontrar los métodos para identificar cada aminoácido, al ocupar éstos sus posiciones características en la hoja de papel y para calcular la cantidad existente de cada uno de ellos.

Esta técnica, llamada de *cromatografía del papel*, permitió la exacta identificación de todos los aminoácidos existentes en una proteína determinada. Así se había resuelto la primera fase del problema y a partir de los últimos años de la década de los 40 se realizaron muchas identificaciones exactas de los aminoácidos de una u otra proteína.*

Aquélla fue sólo la primera etapa. Pero inmediatamente se acometió la segunda. Tan pronto como se desarrolló la técnica Martin-Synge, otro bioquímico británico, Frederick Sanger, atacó el problema del orden de los aminoácidos.

Su método consistía en descomponer sólo en parte la molécula de proteína. En lugar de reducirla a sus aminoácidos, la dividía en pequeñas porciones de péptidos, con dos o tres aminoácidos cada una. Separaba los pequeños péptidos por el sistema de cromatografía del papel, aislándolos y trabajando con cada uno por separado. Luego, fue deduciendo el orden exacto de los aminoácidos de cada pequeña cadena de péptidos (tarea delicada pero no imposible) y, poco a poco, fue reconstruyendo el orden en el que todos los aminoácidos debían de figurar en las cadenas largas, de manera que, al volver a descomponer éstas, fueran apareciendo precisamente los péptidos detectados y no otros. En 1953, Sanger había averiguado el orden de colocación de los aminoácidos de una molécula de proteína llamada *insulina.***

El bioquímico norteamericano Vincent du Vigneaud utilizó los métodos de Sanger para descubrir la estructura de otras dos moléculas de proteína, la *oxitocina* y la *vasopresina.* Éstas resultaron ser bastante simples, por lo que Vigneaud pudo ir más allá que Sanger: unió aminoácidos por el mismo orden en que los extrajera en sus experimentos anteriores. De este modo, pudo producir moléculas sintéticas que poseían todas las propiedades y realizaban todas las funciones de las proteínas naturales. Ésta fue la demostración concluyente de que las teo-

* Por el desarrollo de esta técnica, Martin y Synge recibieron el Premio Nobel de Química de 1952.

** Por esta labor, Sanger recibió el Premio Nobel de Química de 1958.

rías sobre la estructura de las proteínas desarrolladas desde Fischer acá eran correctas.*

Así quedaba resuelta la segunda fase del problema. Detengámonos un momento en este punto para examinar los resultados. Podemos empezar por la vasopresina, una de las dos proteínas sintetizadas por Du Vigneaud.

La vasopresina pertenece a la clase de compuestos llamados *hormonas*. Es producida por un órgano específico (el lóbulo posterior de la glándula pituitaria, un trocito de tejido situado en la base del cerebro) y descargada en la corriente sanguínea. Al igual que todas las hormonas, la vasopresina, en pequeñas cantidades, afecta profundamente la química corporal. Por ejemplo, aumenta la presión sanguínea pero también

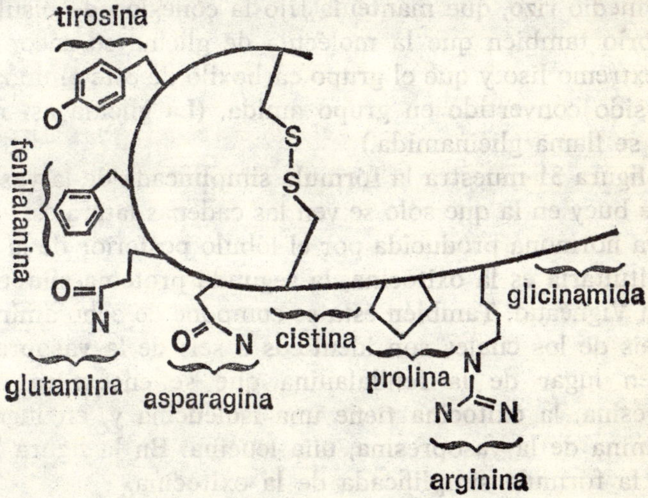

Figura 31. Vasopresina de buey

* El descubrimiento fue tan sensacional que Du Vigneaud recibió el Nobel de Química en 1955, el mismo año de su trabajo, mientras que Sanger tuvo que esperar tres años el premio a su labor, mucho más amplia.

regula el funcionamiento de los riñones, impidiendo una excesiva pérdida de agua. Cuando el cuerpo produce una cantidad insuficiente de vasopresina se origina una enfermedad llamada *diabetes insipidus*. La persona que la padece orina mucho y sufre una sed constante.

Du Vigneaud descubrió que la vasopresina obtenida de los bueyes consta de ocho aminoácidos distintos, a saber, por orden alfabético: 1) arginina, 2) cistina, 3) asparagina, 4) fenilalanina, 5) glicina, 6) glutamina, 7) prolina y 8) tirosina.

Al determinar el orden de colocación real, Du Vigneaud descubrió que la molécula de cistina tenía sus dos porciones de aminoácidos en distintos puntos de la cadena polipéptida, por lo que una parte de ésta aparecía doblada sobre sí misma en un medio rizo, que mantenía fijo la conexión de bisulfuro. Descubrió también que la molécula de glicina se encontraba en el extremo liso y que el grupo carboxilo de este aminoácido había sido convertido en grupo amida. (La glicina así modificada se llama glicinamida.)

La figura 31 muestra la fórmula simplificada de la vasopresina de buey en la que sólo se ven las cadenas laterales.

Otra hormona producida por el lóbulo posterior de la glándula pituitaria es la oxitocina, la segunda proteína sintetizada por Du Vigneaud. También ésta se compone de ocho aminoácidos, seis de los cuales son idénticos a seis de la vasopresina. Pero en lugar de la fenilalanina que se encuentra en la vasopresina, la oxitocina tiene una isoleucina y, en lugar de la arginina de la vasopresina, una leucina. En la figura 32 se indica la fórmula simplificada de la oxitocina.

Si se comparan las fórmulas de las figuras 31 y 32, se advierte que la única diferencia es que la molécula de oxitocina carece de un anillo de benceno y de una combinación de guanidos de tres nitrógenos que existen en la vasopresina.

Tal vez esta diferencia no parezca muy importante, pero es trascendental en lo que se refiere a la función. La oxitocina no aumenta la presión sanguínea como la vasopresina, ni sirve como ésta para el tratamiento de la *diabetes insipidus.* La oxitocina produce la contracción de los músculos blandos, especialmente los del útero, por lo que sirve para provocar el parto. (Aún no se sabe por qué la variación de dos cadenas laterales determina funciones tan diversas.)

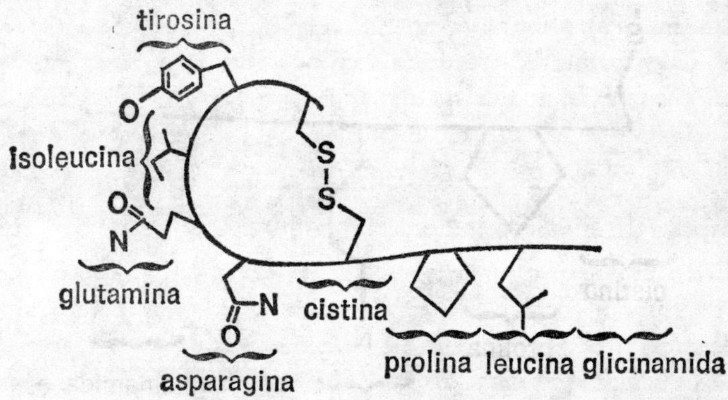

Figura 32. Oxitocina de buey

De todos modos, el cambio de dos cadenas secundarias de un total de ocho supone ya una alteración notable. Es posible introducir cambios más pequeños sin afectar la función. Por ejemplo, en la vasopresina que se obtiene de los cerdos, siete de las ocho moléculas son idénticas a las de la vasopresina de los bueyes y están dispuestas en el mismo orden. La única diferencia está en que en lugar de la arginina que se encuentra en la vasopresina del buey, la del cerdo tiene una lisina. Para mostrar la diferencia, bastará enunciar sólo la «parte de la cola» de la molécula, es decir la parte que queda fuera del rizo de cistina. Se indica en la figura 33.

Como pueden observar, esta diferencia no es en absoluto tan grande como la existente entre la vasopresina y la oxitocina. La vasopresina del cerdo retiene el anillo de benceno que

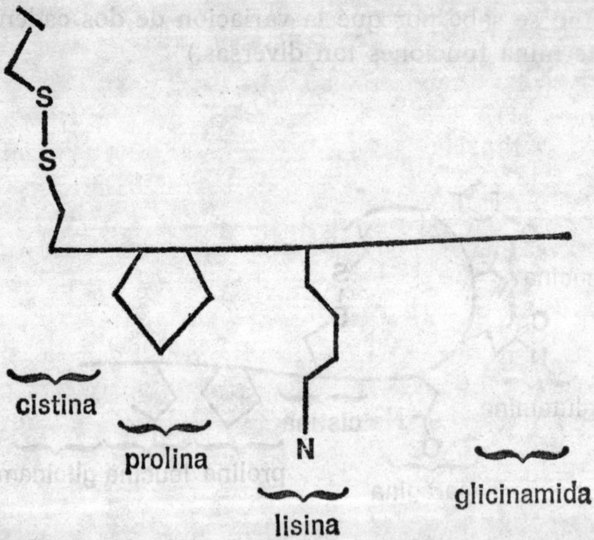

Figura 33. Vasopresina de cerdo (parte de la «cola»)

se ha perdido en la oxitocina. Además, no ha perdido los tres átomos de nitrógeno presentes en la vasopresina de buey y que están ausentes en la oxitocina. Al sustituir una lisina por la arginina, la cadena secundaria de la vasopresina de buey aún conserva un átomo de nitrógeno en la cadena secundaria. La diferencia es lo bastante pequeña como para no afectar la función de la molécula. Por lo tanto la vasopresina, tanto si es de buey como de cerdo, aliviará al paciente aquejado de diabetes insipidus.

Podemos establecer una comparación entre las tres pequeñas moléculas hormonales y las tres frases siguientes:

1. Juan López pegó a María Pérez en un ojo.
2. Juan López besó a María Pérez en un ojo.
3. Juan López besó a María Pérez en los ojos.

La palabra de la frase 1.ª, que es sustituida en la frase 2.ª cambia totalmente el sentido, y Juan López pasa de bruto a cariñoso. Además, en uno y otro caso, la reacción de María Pérez sería distinta. Las dos primeras frases representan, pues, la diferencia existente entre la oxitocina y la vasopresina.

La tercera frase contiene una ligera diferencia —«los ojos»— respecto a la segunda, pero el significado no cambia. Algo parecido sucede con la vasopresina del buey y la vasopresina del cerdo.

De todos modos, entre la segunda y la tercera frase hay también cierta diferencia, aunque el sentido general no varíe. Y es que la frase 3.ª da a entender que ha habido por lo menos dos besos, lo cual supone la existencia de una relación más íntima o una situación más apartada de la gente. Análogamente, la maquinaria química de la pituitaria del cerdo produce algo diferente de lo que se obtiene de la pituitaria del buey y aunque las funciones de las moléculas sean prácticamente iguales en una y otra especie, la maquinaria química que las produce ha de ser claramente distinta.

LA CONFIGURACIÓN. VERSIÓN GRANDE

No se puede pasar por alto una diferencia de estructura, ni siquiera al nivel más rudimentario, aunque no implique diferencia en la función. Puedo demostrarlo claramente refiriéndome de nuevo a la insulina, la proteína con la que se descubrió la segunda fase del problema de la estructura.

La insulina es un hormona formada por células del páncreas. Ella controla el mecanismo químico del cuerpo encargado de descomponer el azúcar para aprovechar su energía. La insuficiencia de insulina disminuye el ritmo de descomposición del azúcar y se origina la grave enfermedad llamada *diabetes mellitus.*

La molécula de insulina tiene una estructura mucho más compleja que la de la oxitocina o la vasopresina. Contiene un par de cadenas polipéptidas unidas entre sí por dos conexiones de bisulfuro. Las dos cadenas son la cadena A y la cadena B. La cadena A está compuesto por 26 aminoácidos y la cadena B, por 30. Una parte de la cadena A adopta la forma de rizo por efecto de la conexión bisulfuro de una molécula de cistina, como ocurre también, según hemos visto, en la vasopresina y la oxitacina. Dentro de este rizo se encuentran, además de la molécula de cistina, otros tres aminoácidos.

Se han estudiado las moléculas de insulina obtenidas del páncreas de diferentes especies animales y, salvo en el rizo de bisulfuro, todas ellas son idénticas. Cualquier alteración de los aminoácidos o de su orden de colocación (fuera del rizo de bisulfuro) impide, al parecer, la función de la insulina.

Ahora bien, los tres aminoácidos que se encuentran dentro del rizo de bisulfuro pueden variar, tanto de naturaleza como en el orden o colocación, según las especies, sin que quede afectada la función de la insulina. Los cambios se indican en la figura 34.

Si estos cambios no afectan a la función de la insulina, ¿cuál es su importancia? Sí, pueden tener un interés teórico para el químico que estudia las proteínas; pero, ¿tienen importancia *práctica*? Aunque parezca extraño, así es.

Generalmente, la insulina no ejerce una gran influencia en la formación de anticuerpos. Afortunadamente, ya que los enfermos de diabetes mellitus necesitan inyecciones periódicas de insulina y sería desastroso que su organismo reaccionara violentamente a la proteína «extraña» pero indispensable. Sin embargo, hay individuos que desarrollan anticuerpos contra la insulina del ganado vacuno y no toleran las inyecciones. En estos casos, generalmente basta con cambiar a la insulina obtenida del páncreas del cerdo. La diferencia de dos aminoácidos entre una cincuentena no basta para modificar la función de la insulina, pero crea la necesidad de otro anticuerpo. El

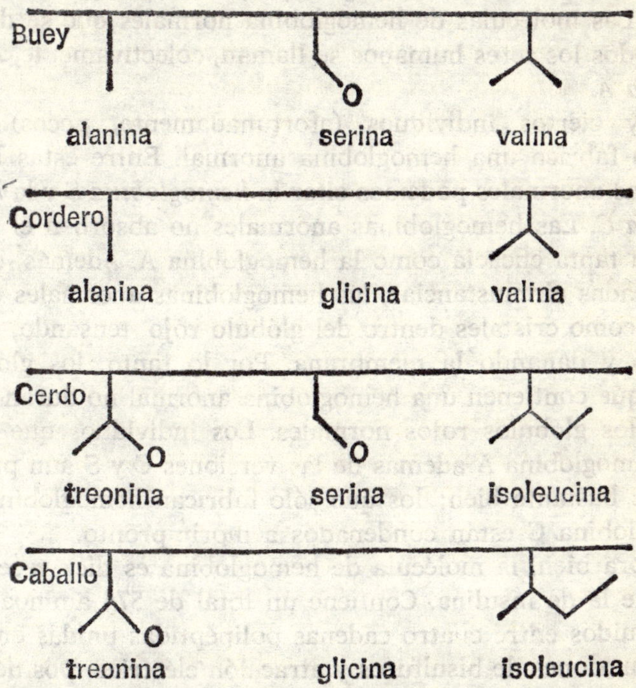

Figura 34. Las distintas insulinas

anticuerpo desarrollado contra la insulina del buey no actúa contra la insulina del cerdo y el paciente puede ser tratado de nuevo sin peligro de reacción adversa.

Tal vez les parezca ahora que la disposición de los aminoácidos es relativamente intrascendente. En la vasopresina, se puede cambiar uno de ocho aminoácidos (12 ½ por ciento) sin que se altere su función. Y, en la insulina, tres de unos cincuenta (6 por ciento). Parece haber un poco de flexibilidad.

Un poco, sí; pero, a veces, ni eso.

Examinemos la hemoglobina, la proteína portadora de oxígeno de los glóbulos rojos que he mencionado ya una o dos veces. Las moléculas de hemoglobina normales que se dan en casi todos los seres humanos se llaman, colectivamente, *hemoglobina A*.

Hay ciertos individuos (afortunadamente, pocos) cuyo cuerpo fabrica una hemoglobina anormal. Entre estas hemoglobinas anormales podemos citar la *hemoglobina S* y la *hemoglobina C*. Las hemoglobinas anormales no absorben el oxígeno con tanta eficacia como la hemoglobina A. Además, en determinadas circunstancias, las hemoglobinas anormales deambulan como cristales dentro del glóbulo rojo, tensando, deformando y dañando la membrana. Por lo tanto, los glóbulos rojos que contienen una hemoglobina anormal no duran tanto como los glóbulos rojos normales. Los individuos que fabrican hemoglobina A además de las versiones C y S aún pueden resistir bastante bien; los que sólo fabrican hemoglobina S o hemoglobina C están condenados a morir pronto.

Ahora bien, la molécula de hemoglobina es diez veces mayor que la de insulina. Contiene un total de 574 aminoácidos, distribuidos entre cuatro cadenas polipéptidas unidas entre sí por conexiones de bisulfuros y atracción eléctrica. Dos de ellas son «cadenas alfa» idénticas, cada una con 141 aminoácidos; las otras dos son «cadenas beta» idénticas, con 146 aminoácidos cada una.

En un lugar determinado de estas cadenas (y de su pareja) hay un ácido glutámico. Si el ácido glutámico de cada cadena se convierte en valina, la molécula pasa a ser de hemoglobina S en lugar de hemoglobina A; si el ácido glutámico se convierte en lisina, la molécula pasa a ser de hemoglobina C. Los restantes quinientos y pico aminoácidos (por lo que ha podido averiguarse hasta ahora) mantienen inalterables su naturaleza y su posición. Por lo tanto, al parecer, la condición de dos aminoácidos de un total de 574 de una proteína determinada representan la diferencia entre una vida sana y una muerte prematura. Es, pues, indudable, que la configuración de la proteína es de capital importancia —hasta el menor detalle— y que no hay margen para cambios.

Desde 1953, en que se resolvió la segunda fase del problema, se ha aplicado ésta a varias otras proteínas, algunas de ellas más complejas. La cadena polipéptida de la vasopresina y la oxitocina tiene sólo ocho aminoácidos; la más larga de las cadenas de la insulina, sólo treinta. Pero en 1960 se averiguó la disposición exacta de todos los aminoácidos contenidos en una enzima llamada *ribonucleasa* que tiene una cadena compuesta por 124 aminoácidos mantenidos en una complicada serie de rizos por nada menos que cuatro conexiones de bisulfuros que se extienden de uno a otro punto de la cadena.

Es indudable que, disponiendo de una cantidad suficiente de una proteína en estado puro y de tiempo y paciencia, se puede averiguar la configuración de cualquier molécula de proteína, por lo menos hasta la segunda fase.

¿Y la tercera fase? ¿Y la curvatura de la cadena polipéptida a una configuración tridimensional específica, sujeta por conexiones de hidrógeno?

También esto se ha conseguido. A finales de la década de los 50, el químico inglés John C. Kendrew, que trabajaba con el químico de origen austríaco Max Ferdinand Perutz, estudió una proteína llamada *mioglobina,* que se encuentra en los músculos. Al igual que la hemoglobina, tiene la propiedad de portar oxígeno; pero su tamaño es de la cuarta parte aproximadamente del de la hemoglobina. Está formada por una cadena péptida y un grupo hemo que contiene hierro, mientras que la hemoglobina tiene cuatro de cada. Ahora bien, la única cadena polipéptida de la mioglobina, compuesta por unos 150 aminoácidos, no es una de las cadenas de la hemoglobina que se haya desprendido, sino que tiene una estructura totalmente distinta.

Kendrew sometió cristales de mioglobina a estudios de difracción por rayos X (de esto trataré en otro capítulo) y, poco a poco, pudo determinar la posición exacta de cada una de sus partes. En 1959, pudo confeccionar un modelo tridimensional de la proteína, en el que cada *uno de sus átomos,* hasta su único átomo de hierro, ocupaba su posición exacta.*

Es de suponer que, con una cantidad suficiente de proteína cristalina pura, tiempo y paciencia, ha de poder construirse el modelo de cualquier proteína. En resumen, las tres fases del problema de la configuración de la proteína pueden considerarse resueltas, por lo menos, en principio.

Desde luego, aún queda mucho por hacer. No obstante, en la actualidad, los químicos especializados en el estudio de la proteína se sienten optimistas y, si tenemos en cuenta los enormes avances realizados durante los veinte últimos años, desde la introducción de la cromatografía del papel, ¿quién puede reprochárselo?

LA CONFIGURACIÓN Y SU POTENCIAL

A pesar de todo, ¿no podría ser que estuviéramos descaminados en nuestros planteamientos respecto a la configuración de la proteína? Aun admitiendo que la modificación de un aminoácido aquí y allá provoque una gran diferencia, ¿existe realmente el número de modificaciones suficiente para explicar la infinita variedad de enzimas, anticuerpos, etc., que se han observado? Desde luego, volviendo al consabido ejemplo

* Kendrew y Perutz recibieron por este trabajo el Premio Nobel de Química en 1962.

del lenguaje, en un idioma puede formarse una infinita variedad de frases. Pero las frases se construyen a base de un vocabulario que consta de unas decenas de miles de palabras. ¿Qué podríamos hacer con el español, por ejemplo, si sólo dispusiéramos de veintidós palabras?

Por otra parte, en español, las palabras sólo pueden enlazarse según ciertas reglas. Podemos decir: *La vaca come hierba verde*, pero no: *Verde vaca hierba la come*. Por lo menos, ésta no es una frase correcta.

Pero en las moléculas de proteína los aminoácidos pueden colocarse en cualquier lugar, siguiendo cualquier orden.

Vamos a ver lo que esto significa. Para empezar, tomaremos una simple proteína de ocho aminoácidos, como la vasopresina o la oxitocina. Numeraremos los ocho aminoácidos: 1, 2, 3, 4, 5, 6, 7 y 8. ¿Cuántas combinaciones podemos hacer con estos ocho aminoácidos? O, lo que es igual, ¿cuántas cantidades distintas podemos escribir con estas ocho cifras?

En primer lugar, se puede empezar la cantidad con cualquiera de las ocho cifras. Aquí tenemos ya ocho posibilidades. El segundo dígito puede ser cualquiera de los siete restantes multiplicado por estos ocho. Ello supone un total de 8×7, es decir, 56, sólo para los dos primeros dígitos. La tercera cifra puede ser cualquiera de las seis restantes por 56, por lo que el total de los tres primeros dígitos es $8 \times 7 \times 6$. En consecuencia, el total de combinaciones posibles con ocho dígitos (u ocho aminoácidos) es $8 \times 7 \times 6 \times 5 \times 4 \times 3 \times 2 \times 1$. El producto es 40.320.

Ello significa que, sólo con los ocho aminoácidos de la vasopresina, pueden formarse 40.320 moléculas de proteína, cada una de ellas con propiedades distintas de todas las demás.

El panorama adquiere rápidamente proporciones asombrosas a medida que se alargan las cadenas péptidas. Tomemos una cadena péptida de 30 aminoácidos, como la de la insulina. Desde luego, no contiene 30 aminoácidos diferentes y la presencia de más de un aminoácido determinado reduciría el número de combinaciones posibles. (Supongamos, por ejemplo, que la cadena contiene dos glicinas, una en la posición 4 y otra en la posición 14. Si la glicina 4 se coloca en la 14 y la 14, en la 4, la molécula no varía, ya que las dos disposiciones aparentemente distintas seguirían siendo la misma.)

Así pues, si suponemos que el péptido de 30 aminoácidos contiene dos de cada uno de 15 aminoácidos diferentes (no es el caso de la insulina, pero se acerca bastante), resulta que el total de combinaciones distintas es de unos 8.000.000.000.000.-000.000.000.000.000, es decir, ocho mil cuatrillones.

Tomemos ahora un péptido de 140 aminoácidos similar al de la hemoglobina y supongamos que se compone de veinte aminoácidos distintos, repetido cada uno siete veces. El total de combinaciones diferentes es algo que no pienso molestarme en escribir. Empieza por 135 seguido de ciento sesenta y cinco ceros. Es un número muchísimo mayor que el de todos los átomos del universo conocido.

Así queda contestada una pregunta. El número de diferentes proteínas que pueden formarse con veintidós aminoácidos es prácticamente ilimitado. Las cadenas secundarias de aminoácidos explican por sí mismas todas las variedades que se aprecian en las proteínas; bastan para formar la base de un fenómeno tan complejo y delicado como la vida.

En realidad, bastan y sobran. De las 40.320 combinaciones de vasopresina posibles, el cuerpo elige sólo una. De los ocho mil cuatrillones de combinaciones de los polipéptidos de insulina posibles, el cuerpo elige una.

La pregunta no es ya dónde encuentra el cuerpo la variedad que necesita, sino cómo controla esa variedad y la mantiene dentro de unos límites.

Tratemos ahora de hallar la respuesta a esta pregunta.

Capítulo VI

LOCALIZACIÓN DEL CÓDIGO

EL PATRÓN

Para que la célula pueda fabricar enzimas formando una cadena polipéptida determinada —y sólo ésa— partiendo de unas posibilidades prácticamente ilimitadas, esa célula ha de tener, en algún lugar, «instrucciones» para ello. Es inconcebible que esa cadena pueda formarse por casualidad.

Si a un arquitecto se le encarga la construcción de una casa que sea idéntica a otra ya existente hasta el último clavo, no podrá hacerlo sin más, sino que tendrá que ir comparando una y otra casa a medida que va construyendo, a no ser que disponga de planos detallados de la casa original.

Para la célula, «construir comparando» supondría tomar como modelo cada una de las moléculas de proteína. La segunda molécula de proteína habría de fabricarse sobre la primera, es decir, aminoácido por aminoácido. Pero ningún bioquímico ha conseguido que una proteína corriente produzca un duplicado de sí misma, a pesar de los incentivos que se le den, en forma de materias primas, enzimas, compuestos especiales, etc.

Los únicos elementos de la célula que se duplican son los cromosomas y cada cromosoma empieza la vida partiendo sólo de cromosomas. Por lo tanto, hay que deducir que los cromosomas llevan en su propia estructura el «patrón» o fórmula para la fabricación de la proteína.

Así se suponía desde que, a principios del siglo XX, se adoptó en el estudio de los cromosomas la teoría de la herencia, suposición que ha ido reafirmándose con los años. Era fácil hablar del «gen de ojos azules», pero el gen en sí ni tenía ojos azules ni los producía. Sólo podía dar instrucciones para la fabricación de una cadena polipéptida determinada que luego se convertía en la enzima que catalizaba la fabricación de un pigmento que daba a los ojos el color azul. Aunque el producto final fuera una «característica física», la labor inmediata del gen era fabricar una proteína determinada.

Hasta la década de los 40 no se presentaron pruebas relativamente firmes que corroboraran tal suposición. En 1941, George W. Beadle y Edward L. Tatum iniciaron una serie de experimentos con moho de pan. Se cultivó una cepa silvestre de este moho en un medio que contenía azúcar y sales inorgánicas. Entre las sales figuraban compuestos de nitrógeno con los cuales el moho podía fabricar por sí mismo todos los aminoácidos necesarios. No fue necesario agregar al medio ningún aminoácido prefabricado.

Beadle y Tatum sometieron entonces a los rayos X esporas del moho. Ya en 1926, Hermann J. Muller había demostrado que estas radiaciones alteran en cierto modo los genes y producen mutaciones. Beadle y Tatum pudieron comprobar que ello ocurría también en este caso. De vez en cuando, una espora irradiada dejaba de crecer en el medio corriente y sólo lo hacía si se le agregaba un determinado aminoácido, por ejemplo, lisina.

Al parecer, lo ocurrido era que la espora irradiada había perdido la facultad de fabricar su propia lisina, a base de los compuestos de nitrógeno inorgánicos. Sin lisina no podía crecer y, si se le administraba lisina prefabricada, crecía.

Parecía evidente que la espora no producía alguna de las enzimas que normalmente catalizaban una de las reacciones que proporcionaban la lisina. También parecía lógico suponer que ello se debía a que los rayos X habían dañado un gen determinado. Mediante una larga serie de ingeniosos experimentos, Beadle y Tatum sentaron una firme base para la aseveración de que cada gen tiene la exclusiva función de formar una enzima específica. Ésta es la llamada teoría de un gen/una enzima.

En el momento en que se anunció esta teoría se produjo una viva polémica, pero en la actualidad la mayoría de los bioquímicos parecen aceptarla. En realidad, en las enzimas formadas por más de una cadena polipéptida parece haber un gen para cada una de ellas, por lo que la teoría debería llamarse un gen/una cadena polipéptida.*

Considerado el caso desde este punto de vista, se aprecia que el juego de cromosomas con el que cada huevo fecundado inicia su vida contiene información para un juego de enzimas, cuyo número es prácticamente igual al de los distintos genes. A este «patrón» de los cromosomas se le ha dado en los últimos años el nombre de *código genético*. No ha habido otra frase que hiciera tanto impacto en el mundo de la ciencia desde que se acuñó la de «fisión del átomo».

* Por su trabajo sobre los rayos X y la mutación, Muller recibió el Premio Nobel de Medicina y Fisiología de 1946. Beadle y Tatum, por su trabajo sobre el moho irradiado, compartieron el Premio Nobel de Medicina y Fisiología de 1958.

LA CAÍDA DE LA PROTEÍNA

Pero, ¿qué queremos decir cuando afirmamos que los cromosomas y los genes portan el código genético? ¿Cómo lo portan? ¿De qué clase de símbolos se compone?

Lo inmediato es suponer que el código está inscrito en la estructura de la proteína que forma cada gen. Parece lógico afirmar que sólo una molécula de proteína es lo bastante compleja como para contener el patrón necesario para formar una molécula de proteína. Supongamos que cada gen posee en algún elemento de su estructura la cadena polipéptida exacta de la enzima cuya síntesis es controlada por él. El gen sería, por así decirlo, una «enzima de referencia», transmitida de célula en célula y de organismo en organismo generación tras generación. Combinando y volviendo a combinar esta enzima de preferencia, al parecer, podrían prepararse tantas otras de la misma especie como necesitara la célula.

Todo ello parecía tan natural que casi se daba por descontado. No obstante, ciertas pruebas que databan de medio siglo atrás indicaban inequívocamente que esta opinión era errónea.

En 1896, en la época en que los científicos empezaban a centrar su atención en los cromosomas, un químico alemán llamado Albrecht Kossel hacía experimentos con esperma de salmón que, al igual que todas las células espermáticas, no es más que un saco de cromosomas comprimidos.

Kossel descubrió, en primer lugar, que el esperma de salmón se compone principalmente de ácido nucleico; en realidad, el contenido de ácido nucleico supera al de proteína en una proporción de dos a uno. Y, por si no era suficiente esta incidencia minoritaria de las proteínas, resultó que las moléculas de proteína eran poco corrientes y las llamó protaminas. Las moléculas de protamina son muy pequeñas para proteínas y, sorprendentemente, están compuestas casi enteramente por una sola variedad de aminoácido. Entre el ochenta y el noventa por ciento de los aminoácidos que componen las protaminas son arginina.*

Ello es de recalcar. Cuando una macromolécula está compuesta en tan gran proporción por una sola unidad, su facultad para transmitir información queda extraordinariamente mermada. Por ejemplo, tomemos un péptido compuesto por diez aminoácidos diferentes, y otro compuesto por diez aminoácidos, ocho de los cuales sean iguales y sólo dos, diferentes. La cadena de diez elementos diferentes puede combinarse de 3.628.800 formas distintas; la de ocho elementos iguales y dos diferentes puede combinarse sólo de 90 formas distintas. Por lo tanto, las moléculas de protamina tienen sólo 1/40.000 de las posibilidades de variación de una molécula de proteína de tamaño similar y mayor variedad de aminoácidos.

Si bien hay que reconocer que las posibilidades de variación de las proteínas son tan amplias que se puede arrostrar una reducción considerable de las mismas, resulta sorprendente que esta reducción ocurra en las células espermáticas, en las que la cantidad de información a transmitir ha de ser máxima.

En las células de salmón corrientes, la proteína que contienen los cromosomas es de la variedad llamada *histona*. Ésta es una variedad bastante simple, desde luego, aunque no tanto como las protaminas. ¿Por qué una célula del cuerpo ha de tener cromosomas con unas proteínas más complicadas que las que poseen las células espermáticas, a partir de las cuales habrían de desarrollarse todas las células del cuerpo? (Y no

* Kossel recibió por su investigación en este campo el Premio Nobel de Fisiología y Medicina de 1910.

hay que suponer que la célula del óvulo compense la falta, ya que el padre contribuye a la herencia genética tanto como la madre, según todos los indicios, y la herencia paterna se transmite sólo a través de las células espermáticas.)

Además, las enzimas del salmón (al igual que las de cualquier otra criatura) no son protamina ni histona, por lo que no pueden copiarse directamente de la proteína del cromosoma. Y todo ello puede aplicarse también a otras especies. La proteína del cromosoma, especialmente en las células espermáticas, suele ser más simple que la proteína enzimática.

Por otra parte, todas las pruebas realizadas en células espermáticas desde la época de Kossel indican que el ácido nucleico del esperma es muy similar al ácido nucleico de las células corrientes.

Una forma de resolver este problema sería suponer que cuando un organismo embala un juego de cromosomas en una célula espermática, arroja por la borda todo el lastre del que pueda prescindir. Al fin y al cabo, la célula espermática tiene que dirigirse a la célula del óvulo que está esperándola, con la mayor rapidez posible y le conviene viajar sin impedimento. En estas condiciones, ¿qué parte de los cromosomas se conservaría sin cambios? Naturalmente, la parte que lleva el código genético. ¿Y qué parte habría de reducirse y simplificarse todo lo posible? Pues la que no es indispensable para el código genético. Desde este punto de vista, parece que el código genético se encuentra en el ácido nucleico y no en la proteína.

Aunque ahora, con la experiencia acumulada, ello puede parecer evidente, no lo fue durante el medio siglo que siguió al descubrimiento de Kossel. Entonces se consideraba que las moléculas de ácido nucleico eran muy pequeñas y de estructura simple. Incluso las proteínas simplificadas se consideraban más complejas que los ácidos nucleicos, y que cambiar de la protamina al ácido nucleico sería ir de mal en peor.

Por lo tanto, los químicos perseveraban con la proteína, esperando que se presentara algo que justificara la simplicidad de las moléculas de protamina o demostrara que, al fin y al cabo, eran bastante complejas.

Pero nada vino a salvar la teoría del código de la proteína. Por el contrario, se produjo un descubrimiento que la mandó a la tumba.

Existen dos cepas de un tipo de bacteria causante de la pulmonía. Una de ellas desarrolla una película suave de aspecto azucarado sobre la célula de la bacteria; a causa del aspecto de la colonia resultante, se llama «cepa suave» o S. La otra no produce película alguna, carece de suavidad y se llama «rugosa» o R.

En 1928 se declaró que una partida de bacterias S, muertas por ebullición y agregadas a bacterias R vivas producían bacterias S vivas.

S muertas + R vivas = S vivas

Era inconcebible que las bacterias S muertas pudieran resucitar, por lo que sólo cabía la suposición de que las bacterias R vivas habían sido convertidas en S vivas, por efecto de algo que se encontraba en las bacterias S muertas.

Parecía lógico suponer que las bacterías S poseían un gen que controlaba la enzima necesaria para la formación de la película. Las bacterias R, por otra parte, carecían de este gen, por lo que no formaban la enzima ni poseían la película.

Ahora bien, las bacterias S muertas seguían conteniendo el gen. Cuando las bacterias S muertas se agregaban a las bacterias R vivas, una parte de la cepa R absorbía de algún modo ese gen y adquiría la facultad de formar la enzima y la película. En realidad, éstas se convertían en miembros de la cepa S.

En 1931 se demostró que ni siquiera se necesitaban bacterias muertas intactas para transformar bacterias R en S. ¿Sería posible conseguir la metamorfosis con un extracto bacteriano? ¿Cómo? El extracto contenía el gen necesario.

Se concibió la esperanza de poder purificar el gen hasta aislarlo, a fin de estudiarlo. Esto se consiguió en 1944 y el anuncio de la naturaleza del gen cayó como una bomba. Tres bioquímicos que trabajaban en el Instituto Rockefeller, Oswald T. Avery, Colin M. MacLeod y Maclyn McCarty consiguieron demostrar que el gen era ácido nucleico y sólo ácido nucleico. Consiguieron transformar bacterias R en S utilizando una solución del ácido nucleico, sin proteína alguna.

Más adelante se hicieron otras transformaciones de cepas bacterianas y en todos los casos el agente transformador era ácido nucleico. Imposible seguir dudando: el código genético sólo podía transmitirlo el ácido nucleico.

AUGE DEL ÁCIDO NUCLEICO

Cualquier duda que pudieran conservar los bioquímicos, acostumbrados a considerar la proteína como la materia de la vida, quedó definitivamente extinguida tras los experimentos realizados sobre moléculas de virus a principios de la década de los 50.

Después de la Segunda Guerra Mundial, el microscopio electrónico fue desarrollado y perfeccionado hasta resultar, por un lado, preciso y seguro, y por el otro, asequible para los presupuestos científicos medianos. Dado que este instrumento permitía muchos más aumentos que los microscopios ópticos corrientes, se extendió considerablemente el estudio de las moléculas de los virus que, por su pequeño tamaño, no podían verse con los microscopios corrientes.

Así pudo averiguarse que las moléculas de los virus consistían generalmente en una concha de proteína en cuyo interior se encontraba una molécula de ácido nucleico. Esta última era una sola estructura alargada, mientras que la concha de proteína estaba formada por una serie de pequeñas secciones, similares entre sí. De pronto, empezó a resultar dudoso que las moléculas de proteína tuvieran que ser más complejas que las de ácido nucleico. Aquí se daba un caso clarísimo en el que la molécula de ácido nucleico era más grande que cualquiera de las moléculas de proteína comprendidas en el sistema. (Por supuesto, como hemos visto en el capítulo anterior, el tamaño nada tiene que ver con la complejidad. Más adelante volveremos sobre este punto.)

En 1952, dos bioquímicos, Alfred D. Hershey y M. Chase, realizaron un experimento crucial con los *bacteriófagos,* variedad de virus que infesta las células bacterianas. Invaden la célula, se multiplican y acaban por matarla. La membrana celular se revienta y, de donde antes entrara un solo virus, salen ahora muchos.

Hershey y Chase empezaron por cultivar bacterias en un medio que contenía átomos de azufre y fósforo radiactivos. Dado que estos átomos se comportan como átomos de azufre y fósforo corrientes, por lo menos en el aspecto químico, las bacterias asimilaron en su estructura los átomos radiactivos como si fueran átomos corrientes. Ahora bien, los átomos radiactivos se descomponían constantemente, emitiendo pequeñas partículas cargadas de energía que los químicos podían detectar con instrumentos adecuados. Así se podía saber si las partículas eran emitidas por el azufre o el fósforo. Las bacterias cultivadas en este medio radiactivo estaban, digamos, «marcadas».

El siguiente paso consistió en hacer que los bacteriófagos infestaran estas bacterias. Así se hizo y las moléculas víricas invasoras se reprodujeron a base de las células bacterianas marcadas con lo que las nuevas moléculas quedaron marcadas a su vez. No obstante, el marcado de los bacteriófagos seguía un patrón especial. Las moléculas de proteína contienen casi siempre átomos de azufre y muy pocos o ningún átomo de fósforo. Por otra parte, las moléculas de ácido nucleico contienen siempre átomos de fósforo, y nunca átomos de azufre. En consecuencia, un bacteriófago marcado con átomos de fósforo y azufre llevará el fósforo en el interior de la parte de ácido nucleico, mientras que el azufre se encontrará en la cápsula externa de proteína.

Vino luego el paso decisivo, consistente en infestar bacterias normales no marcadas con bacteriófagos marcados. La presencia de átomos radiactivos señalaría la presencia del virus. Pues bien, *en las bacterias penetró tan sólo el fósforo radiactivo.* El azufre se quedó fuera y pudo ser eliminado con un simple lavado o sólo con una sacudida.

Inevitablemente, de ello se dedujo que sólo penetraban en la bacteria los «interiores» de ácido nucleico del virus. La cápsula de proteína quedaba fuera, descartada. No obstante, este ácido nucleico del virus, una vez dentro de la bacteria, formaba rápidamente no sólo más moléculas de ácido nucleico iguales a sí mismo (aunque no iguales a las que normalmente se encuentran en las bacterias) sino también nuevas cápsulas de proteína.

Era indiscutible que, por lo menos en este caso, el código genético se encuentra en el ácido nucleico y no en la proteína y que el ácido nucleico sin la proteína puede provocar la formación de unas moléculas de proteína determinadas. Al fin y al cabo, la cápsula de proteína formada para las nuevas moléculas víricas era igual a la cápsula de proteína que quedó descartada, fuera de la bacteria y distinta de cualquiera de las proteínas que en un principio se encontraban en su interior.

Varios años después se consiguió otro gran impacto. En 1955, Heinz Fraenkel-Conrat desarrolló unas técnicas suaves para extraer el ácido nucleico de la cápsula de proteína de un virus de mosaico de tabaco sin dañar ni el ácido nuclcico ni la proteína. Cada una de las partes del virus, aisladas, parecían no infecciosas, es decir que podía embadurnarse con ellas hojas de tabaco sin que se produjera la enfermedad que se caracteriza por la decoloración moteada. Ahora bien, si las dos partes volvían a unirse, una parte del ácido nucleico se introducía de nuevo en la cápsula de proteína y la combinación recobraba su poder infeccioso. Al año siguiente, Fraenkel-Conrat demostró que, si bien la proteína no parecía infectar las hojas de tabaco, el ácido nucleico —incluso solo— poseía un leve poder infeccioso.

El significado está claro. La cápsula de proteína actúa, en primer lugar, como una «armadura» cuya misión es proteger la parte de ácido nucleico del virus. En segundo lugar, la cápsula de proteína contiene una enzima que produce, por disolución, una abertura en la pared de la célula bacteriana. (Esta enzima disolvente fue aislada en 1962.) Por esta abertura penetra en la célula sólo el ácido nucleico.

A falta de la cápsula de proteína, no hay enzima que perfore un orificio para el ácido nucleico, por lo que éste, solo, parece carecer de poder infeccioso. A veces, empero, el ácido nucleico encuentra una fisura por la que puede introducirse y entonces se produce la infección aunque no haya proteína.

La combinación ácido nucleico/proteína es análoga a la de hombre/automóvil. Un hombre y un automóvil juntos pueden trasladarse de Madrid a Barcelona sin problemas. Por separado, ni uno ni otro lo conseguirían. Evidentemente, el coche, por sí solo, no podría. El hombre, si estuviera acuciado por una necesidad vital, podría hacer el viaje a pie. Es indudable que en la combinación hombre/automóvil el primero es la parte esencial; análogamente, el ácido nucleico es la parte esencial de la combinación de los virus ácido nucleico/proteína.

Todos los experimentos realizados desde 1944 apuntan en la misma dirección. En todas las especies, tanto en las células como en los virus, el ácido nucleico ha resultado ser el portador del código genético. La proteína, nunca. Por lo tanto, desde finales de la década de los 40, los químicos se han concentrado afanosamente en la molécula de ácido nucleico.

Y en ella hemos de concentrarnos nosotros, ya que ahora se trata de averiguar la estructura del ácido nucleico (como antes averiguamos la de la proteína) si queremos descubrir la naturaleza del código genético.

Capítulo VII

EL COMPUESTO CENICIENTA

FÓSFORO

Cuando, en 1944, el ácido nucleico entró en su apogeo, hacía aproximadamente tres cuartos de siglo que se había descubierto. Durante este tiempo, sólo unos cuantos hombres lo habían estudiado. Fue la cenicienta de los compuestos hasta que, de la noche a la mañana, se calzó el zapatito de cristal.

De todos modos, los pioneros que habían trabajado con él durante sus días de anonimato, habían conseguido deducir los principios básicos de su estructura. Por ejemplo, poco después de ser descubierto, se averiguó que contenía fósforo.

Esto era extraño. Desde luego, se sabía que algunas proteínas contenían fósforo, pero en pequeña cantidad. La caseína, la principal proteína de la leche, contiene un 1 por ciento de fósforo. La lecitina, una sustancia grasa que se encuentra en la yema de huevo, contiene un 3 por ciento de fósforo. Pero el ácido nucleico es más rico en este elemento que cualquier otra de las sustancias importantes del cuerpo, ya que contiene un 9 por ciento de fósforo.

Por lo tanto, ha llegado el momento de examinar atentamente el fósforo. Como se indica en el capítulo III, su símbolo es P. Por sus propiedades químicas, el fósforo se parece un poco al nitrógeno. Al igual que éste, el fósforo puede combinarse con tres átomos diferentes. En ocasiones, también puede agregarse un cuarto átomo (generalmente, oxígeno) mediante un tipo especial de enlace que se representa con una pequeña flecha en lugar del guión.*

Por ejemplo, la figura 35 indica la fórmula estructural del *ácido fosfórico*, importante producto químico industrial. Su fórmula empírica es, como puede verse: H_3PO_4. Obsérvese también que, mientras un átomo de oxígeno puede formar dos enlaces del tipo corriente de «guión», forma una solo del tipo de «flecha».

Los enlaces existentes entre el átomo de fósforo y los átomos de oxígeno del ácido fosfórico son fuertes. No obstante,

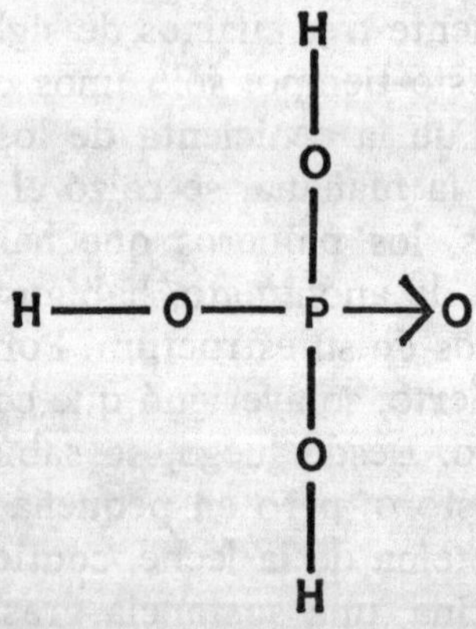

Figura 35. Ácido fosfórico

* También el nitrógeno tiene esta propiedad, pero no lo menciono ya que no afecta al tema del libro.

los átomos de hidrógeno pueden extraerse del compuesto con bastante facilidad. Cuando se quita uno, queda una abertura que sirve para unir lo que resta del ácido fosfórico a otros átomos o grupos de átomos. Si se extraen dos átomos de hidrógeno quedan dos aberturas y, si se extraen todos, tres. El ácido fosfórico menos uno o más de sus hidrógenos es un *grupo fosfático*: el fosfato será primario, secundario o terciario según se hayan extraído uno, dos o tres átomos de hidrógeno, dejando una, dos o tres aberturas para otras combinaciones, como se indica en la figura 36.

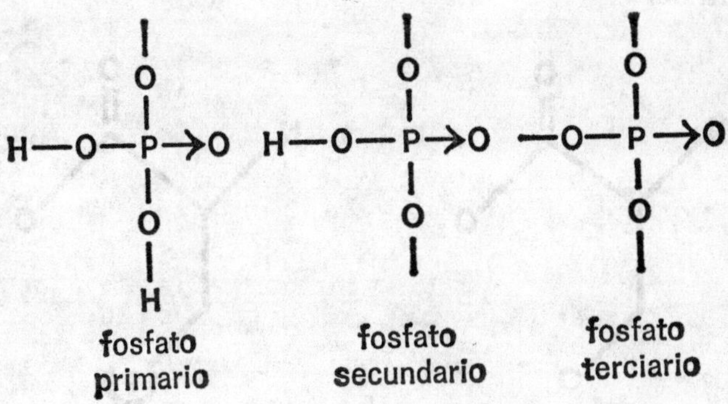

Figura 36. Los grupos fosfáticos

En los tejidos vivos, el átomo de fosfato siempre está integrado en un fosfato primario o secundario. Para simplificar, se puede adoptar una forma convencional para indicar estos dos grupos, sin reparar en su configuración atómica interna. Por ejemplo, se puede indicar, no ya el fósforo sino el grupo fosfático por una P rodeada de un círculo. Para distinguir entre los fosfatos primario y secundario, se señalarán uno o dos enlaces en el símbolo, como se indica en la figura 37.

A modo de ejemplo de la forma en la que un grupo de fosfatos puede darse entre los compuestos ya mencionados, to-

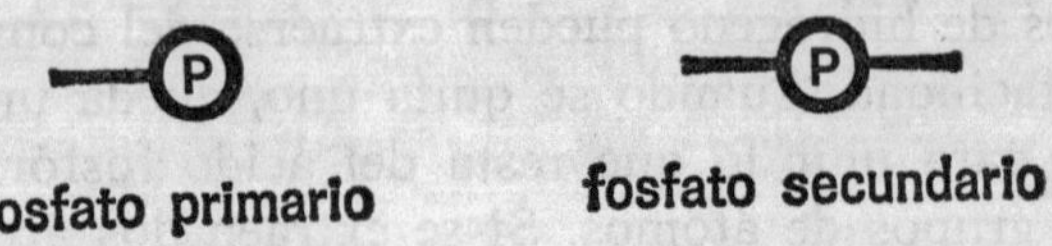

Figura 37. Símbolos del fosfato

memos el aminoácido serina. Un grupo fosfático puede agregarse a la serina en el lugar de la cadena secundaria correspondiente al oxígeno. Así se forma la fosfoserina, como indica la figura 38.

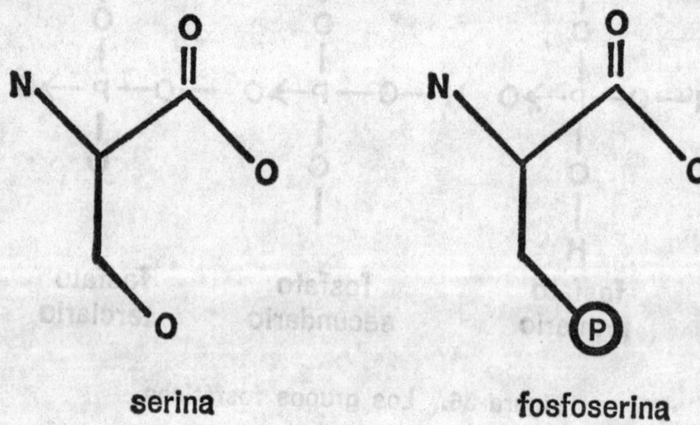

Figura 38. Serina y fosfato

En las proteínas puede darse la fosfoserina en lugar de la serina y cuando esto ocurre el resultado es una proteína que contiene fósforo, lo que se llama *fosfoproteína.* Ejemplo de ello es la caseína, que menciono al principio de este capítulo.

Así pues, podemos considerar los grupos fosfáticos como un componente del ácido nucleico, el componente que le da sus propiedades ácidas. Desde luego, tiene también otros componentes.

LAS DOS VARIEDADES

Pronto se observaron indicaciones de que el ácido nucleico contiene en su estructura grupos de azúcar, pero durante décadas la naturaleza del azúcar fue una incógnita.

El azúcar simple más corriente que se da en la Naturaleza es la glucosa, unidad a base de la cual se fabrican el almidón y la celulosa. La molécula de glucosa es una cadena de seis átomos de carbono. A cinco de ellos está unido un grupo hidroxilo, mientras que el sexto átomo de carbono forma parte de un grupo carbonilo. (La característica de la estructura de la molécula de azúcar es precisamente la posesión de un grupo carbonilo y de numerosos grupos hidroxilos.)

Otros dos azúcares corrientes son la *fructosa* y la *galactosa.* Al igual que la glucosa, cada uno de ellos tiene seis átomos de carbono, uno de los cuales forma parte de un grupo carbonilo, mientras que los otros están unidos a grupos hidroxilos. No obstante la orientación relativa de los grupos hidroxilos en el espacio es distinta en cada caso. (Esta diferencia de orientación basta para producir distintos compuestos, de propiedades diferentes.)

Dos azúcares simples pueden combinarse entre sí (al igual que los aminoácidos) eliminando el agua. La glucosa y la fructosa combinadas forman una molécula de *sacarosa,* el azúcar de mesa «corriente», que utilizamos para endulzar el café. El azúcar de caña, el de remolacha y el de arce son todo sacarosa. La glucosa también puede combinarse con la galactosa para formar *lactosa,* un azúcar casi insípido que sólo se encuentra en la leche. Por último, ciertas moléculas de glucosa pueden combinarse para formar moléculas de almidón o celulosa.

Existen otros muchos azúcares y combinaciones de azúcares. También hay algunas moléculas de azúcar ligeramente modificadas: son aquellas a las que se han agregado grupos de nitrógeno, azufre o fósforo. Algunos de estos compuestos no se dan en la Naturaleza, sino que se han obtenido por síntesis en el laboratorio.

Todos estos compuestos —simples, combinados o modificados, naturales o sintéticos— llevan el nombre de hidratos de carbono o carbohidratos; como queda dicho en el capítulo II, componen uno de los tres grandes grupos de materia orgánica de los tejidos.

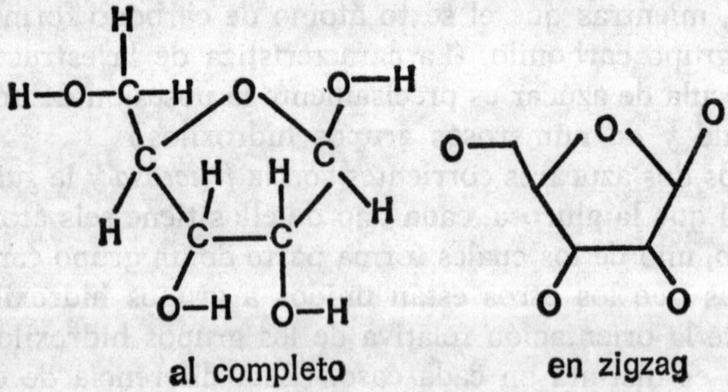

Figura 39. Ribosa

Pero, ¿qué carbohidrato es el del ácido nucleico? La respuesta a esta pregunta no se halló hasta 1910, en que el bioquímico norteamericano de origen ruso Phoebus A. T. Levene identificó la *ribosa,* uno de los componentes del ácido nucleico. Con anterioridad, se ignoraba que la ribosa se diera en la Naturaleza. Fue obtenida por síntesis en 1911 por Emil Fischer (el hombre que descubrió la estructura de los péptidos), pero se consideraba puramente como una curiosidad científica, carente de valor práctico. Su mismo nombre fue inventado por

Fischer sin pretender otorgarle un significado especial. Sin embargo, debía ser considerada al fin como uno de los dos carbohidratos más importantes para la vida. (En la Ciencia, al igual que en la vida diaria, también hay patitos feos que se convierten en cisnes.)

La ribosa se diferencia de la glucosa, la fructosa y la galactosa en que tiene cinco carbonos en lugar de seis. Esta cadena de cinco carbonos tiende a formar un anillo con un átomo de oxígeno de uno de los grupos hidroxilos. El resultado es un anillo de cuatro carbonos y un oxígeno que viene a ser como un anillo de furano sin los enlaces dobles. Ello se indica en la figura 39, que muestra la ribosa al completo y en zigzag.

Más adelante, Levene descubrió que no todas las moléculas de ácido nucleico contienen ribosa. Algunas muestras contienen un azúcar afín que se diferencia sólo por la carencia de uno de los átomos de oxígeno de la ribosa. Su nombre, por lo tanto, es *desoxirribosa* y en la figura 40 se indica su estructura. La desoxirribosa, al igual que la ribosa, había sido sintetizada por Fischer años antes de que se descubriera su existencia en la Naturaleza.

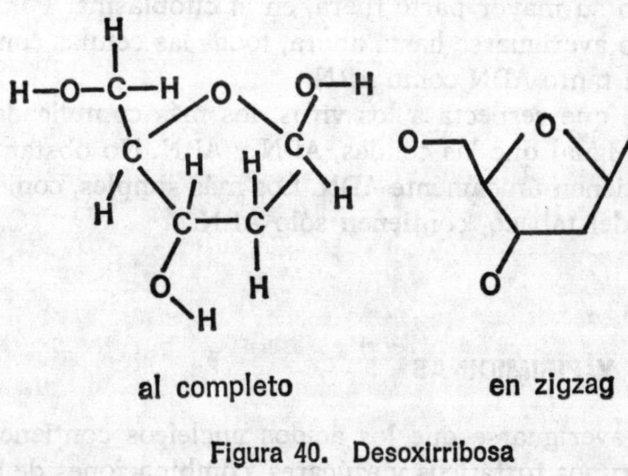

Figura 40. Desoxirribosa

En función de estos dos azúcares, el ácido nucleico se dividió en dos tipos: *ácido ribonucleico,* que contiene ribosa, y *ácido desoxirribonucleico,* que contiene desoxirribosa. Dado que estos nombres han venido usándose con creciente frecuencia y dado que los bioquímicos son tan alérgicos a los polisílabos como el que más, no tardó en implantarse la costumbre de utilizar iniciales para referirse a estas sustancias. El ácido ribonucleico es ARN y el ácido desoxirribonucleico, ADN. Casi nadie los nombra ya de otro modo.

En los ácidos nucleicos no se habían encontrado más azúcares que la ribosa y la desoxirribosa y hacia 1950 los bioquímicos asumían, con más o menos firmeza, que no se encontrarían ya y que la ribosa y la desoxirribosa eran los únicos azúcares del ácido nucleico. Además, no se ha encontrado ningún ácido nucleico que contenga ribosa y desoxirribosa, sino sólo una u otra.

Uno y otro tipo de ácido nucleico se dan en distintos lugares de la célula. El ADN se presenta sólo en el núcleo y, concretamente, en los cromosomas. En el interior del núcleo puede encontrarse también algo de ARN; pero éste acostumbra a estar en su mayor parte fuera, en el citoplasma. Por lo que ha podido averiguarse hasta ahora, todas las células completas contienen tanto ADN como ARN.

Por lo que respecta a los virus, los más complicados contienen, al igual que las células, ADN y ARN. No obstante, muchos contienen únicamente ADN. Los más simples, como el del mosaico del tabaco, contienen sólo ARN.

PURINAS Y PIRIMIDINAS

Pudo averiguarse que los ácidos nucleicos contienen, además de grupos fosfáticos y azúcares, combinaciones de átomos construidas en torno a anillos con parte de nitrógeno. Ello fue descubierto hacia 1880 y con posterioridad por Kossel (el hombre que más adelante trabajaría con protaminas). Todos los compuestos con parte de nitrógeno que fueron aislados resultaron estar construidos alrededor de uno o dos sistemas de anillos, el de purina y el de pirimidina, los cuales quedan indicados en la figura 15. Por lo tanto, los compuestos con parte de nitrógeno aislados del ácido nucleico se agrupan en *purinas* y *pirimidinas.**

Dos purinas y tres pirimidinas se han aislado de los ácidos nucleicos en cantidades considerables. Las dos purinas son: *adenina* y *guanina* y las tres pirimidinas: *citosina*, *timina* y *uracilo*. Las cinco se presentan en la figura 41, en forma completa y en zigzag.

De las cinco, le adenina, la guanina y la citosina se dan tanto en el ADN como en el ARN. La timina se encuentra sólo en el ADN y el uracilo, sólo en el ARN. La timina y el uracilo no son muy diferentes. En realidad, la única diferencia consiste en que la timina posee un grupo metilo del que carece el uracilo. En la fórmula de zigzag, la molécula de timina muestra un pequeño guión que no se observa en el uracilo, lo cual sitúa la diferencia en su justa perspectiva. Por lo que se refiere al código genético (para adelantar acontecimientos momentáneamente) la timina del ADN es equivalente al uracilo del ARN.

Otra observación respecto a las fórmulas. En determinados compuestos orgánicos, es posible que un átomo de hidrógeno circule por los mismos con cierta libertad, enganchándose unas veces a un átomo y otras, a otro. Esto ocurre cuando existen enlaces dobles, y el salto del átomo de hidrógeno acarrea una conmutación de los enlaces dobles.

* Emil Fischer, que trabajaría más tarde con la estructura péptida, realizó una labor extraordinaria con la química de las purinas. Por esto, y por sus estudios acerca de los azúcares, fue recompensado, en 1902, con el Premio Nobel de Química.

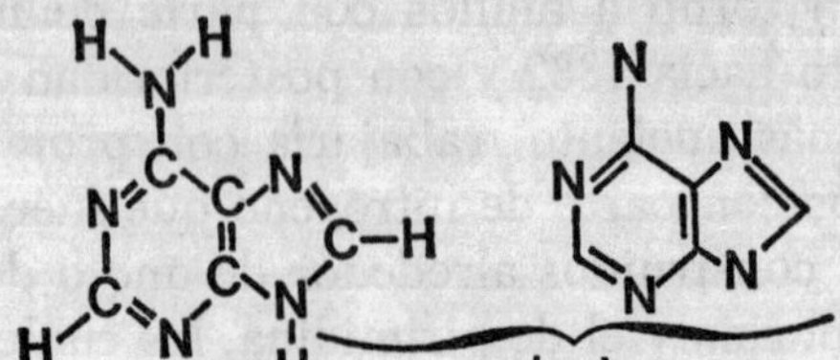

adenina

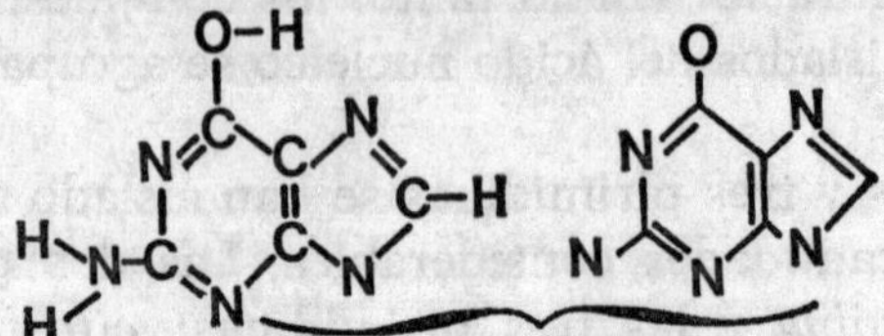

guanina

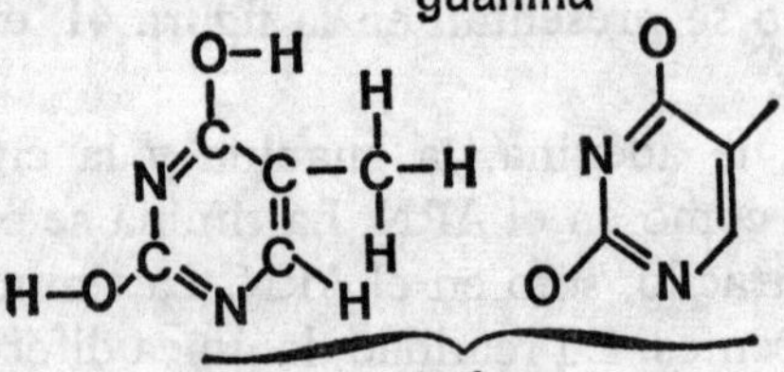

timina

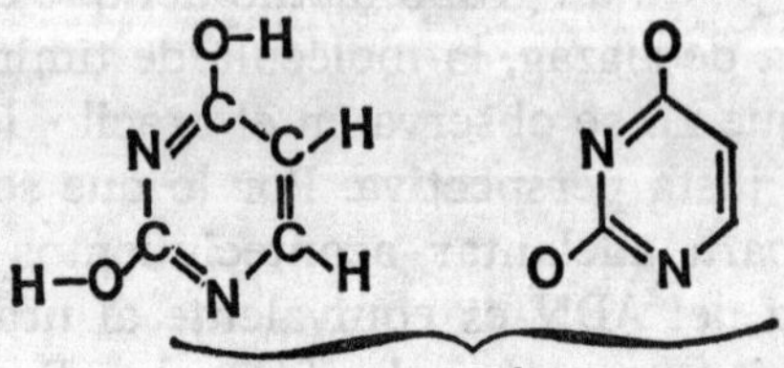

uracilo

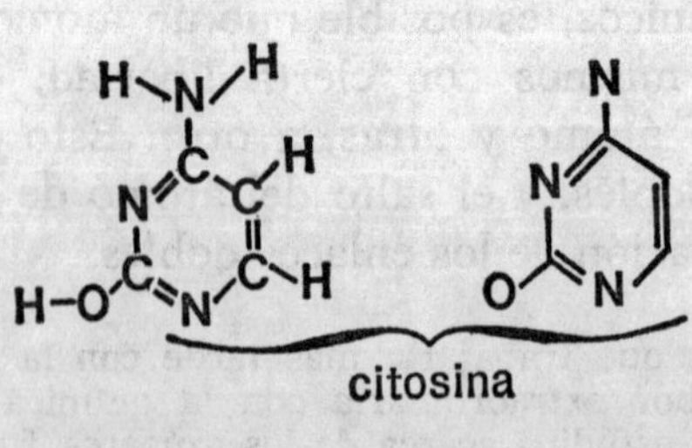

citosina

Figura 41. Purinas y pirimidinas

En el uracilo, por ejemplo, los átomos dc hidrógeno de los grupos hidroxilos pueden conmutar fácilmente con los átomos de nitrógeno que se encuentran contiguos a ellos en el anillo. En realidad, suelen estar con mayor frecuencia con los átomos de nitrógeno que en los grupos hidroxilos. Este fenómeno del desplazamiento de un átomo de hidrógeno se llama *tautomerismo.* En la figura 42 se indica la forma tautómcra del uracilo. Si se compara con la fórmula del uracilo de la figura 41, se òbservará que, por lo menos en las fórmulas de zigzag, sólo cambia la situación de los enlaces dobles.

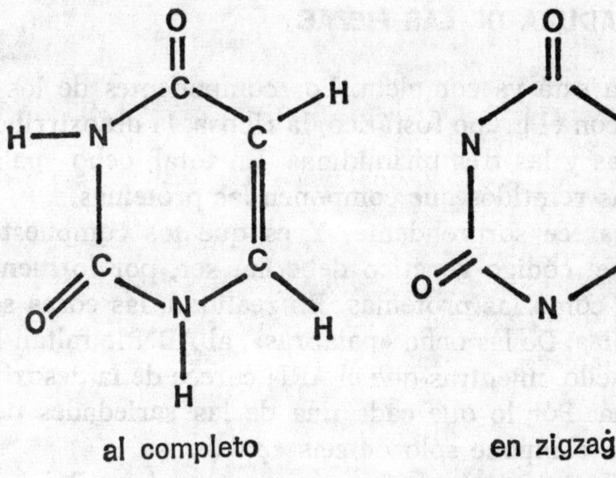

Figura 42. Formas tautómeras del uracilo

(En realidad, no es necesario que nos extendamos más sobre el fenómeno del tautomerismo. Si lo he mencionado es porque, a veces, es necesario enunciar la fórmula de un compuesto como el uracilo en una u otra fórmula tautórmera. A falta de una explicación, el lector podría sentirse desconcertado al observar una diferencia inesperada en la distribución de los enlaces dobles de una fórmula a otra.)

En muy contadas muestras de ácido nucleico se han detectado un par de pirimidinas menores que presentaban modificaciones de la estructura de citosina. Puesto que, por lo que se refiere al código genético, todas ellas se consideran equivalentes de la citosina, no es preciso que el lector se preocupe por ellas. Lo único que necesitamos son las dos purinas y las tres pirimidinas que se detallan en este apartado.

ENSAMBLADURA DE LAS PIEZAS

La lista está ya completa. Los componentes de los ácidos nucleicos con el grupo fosfático, la ribosa, la desoxirribosa, las dos purinas y las tres pirimidinas. En total, ocho «palabras», frente a las veintidós que componen las proteínas.

Esto parece sorprendente. Y es que los compuestos que contienen el código genético deberían ser, por lo menos, tan complejos como las proteínas. En realidad, las cosas son aún más sencillas. De las ocho «palabras», al ADN le faltan la ribosa y el uracilo, mientras que el ARN carece de la desoxirribosa y la timina. Por lo que cada una de las variedades de ácido nucleico se compone sólo de seis «palabras».

Pero, ¿cómo están unidas estas «palabras»? Levene, el primer hombre que identificó la ribosa y la desoxirribosa en los ácidos nucleicos atacó también este problema. Descompuso el ácido nucleico en grandes fragmentos, cada uno de los cuales contenía varias de las unidades básicas. Operando con estos fragmentos, pudo deducir su estructura.

A principios de la década de los 50, el químico inglés Sir Alexander R. Todd obtuvo por síntesis estructuras a base de las fórmulas propuestas por Levene y averiguó que poseían realmente las propiedades del material obtenido del ácido nu-

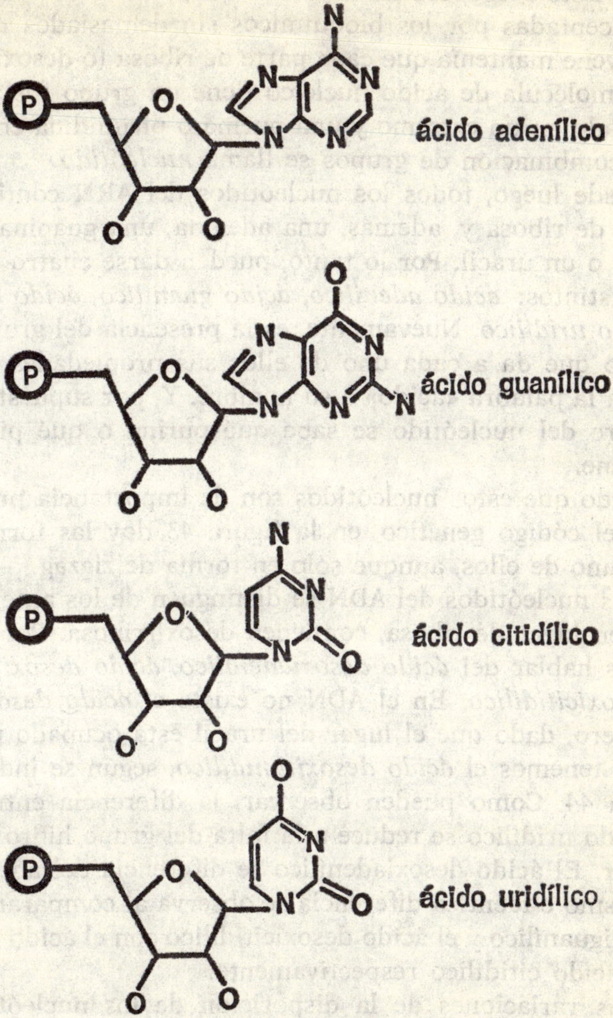

Figura 43. Nucleótidos de ribosa

cleico. Esto corroboró las hipótesis que, a decir verdad, habían sido aceptadas por los bioquímicos sin demasiados reparos.*

Levene mantenía que cada parte de ribosa (o desoxirribosa) de la molécula de ácido nucleico tiene un grupo fosfático enganchado en un extremo y una purina o pirimidina en el otro. Esta combinación de grupos se llama *nucleótido*.

Desde luego, todos los nucleótidos del ARN contienen un grupo de ribosa y, además, una adenina, una guanina, una citosina o un uracil. Por lo tanto, pueden darse cuatro nucleótidos distintos: *ácido adenílico, ácido guanílico, ácido citidílico* y *ácido uridílico*. Nuevamente, es la presencia del grupo fosfático lo que da a cada uno de ellos sus propiedades ácidas y agrega la palabra «ácido» a su nombre. Y, por supuesto, por el nombre del nucleótido se sabe qué purina o qué pirimidina contiene.

Dado que estos nucleótidos son de importancia primordial para el código genético, en la figura 43 doy las fórmulas de cada uno de ellos, aunque sólo en forma de zigzag.

Los nucleótidos del ADN se distinguen de los anteriores en que, en lugar de ribosa, contienen desoxirribosa. Por ello, podemos hablar del *ácido desoxiadenílico, ácido desoxiguanílico* y *desoxicitidílico*. En el ADN no existe el *ácido desoxiuridílico*; pero, dado que el lugar del uracil está ocupado por la timina, tenemos el *ácido desoxitimidílico*, según se indica en la figura 44. Como pueden observar, la diferencia entre éste y el ácido uridílico se reduce a la falta del grupo hidroxilo en el azúcar. El ácido desoxiadenílico se diferencia del adenílico en lo mismo e idéntica diferencia se observa al comparar el ácido desoxiguanílico y el ácido desoxicitidílico con el ácido guanílico y el ácido citidílico respectivamente.

Las variaciones de la disposición de los nucleótidos son sumamente importantes para la química del cuerpo. Hay nu-

* Por su trabajo en este campo, Todd recibió el Premio Nobel de Química en 1957.

cleótidos como los presentados en la figura 43, pero en lugar del único grupo fosfático llevan dos y hasta tres, dispuestos en tándem. Son compuestos clave para el almacenamiento y suministro de energía, siendo el más conocido de ellos el *trifosfato de adenosina,* que suele abreviarse ATP. Su molécula es como la del ácido adenílico, pero (como indica el nombre del compuesto) lleva tres grupos fosfáticos en lugar del único que posee el ácido adenílico.

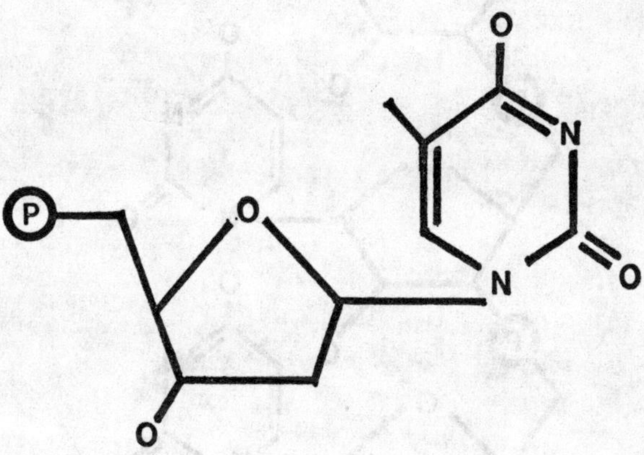

Figura 44. Ácido desoxitimidílico

Existen también compuestos semejantes a los nucleótidos que actúan en colaboración con ciertas enzimas, por lo que se denominan *coenzimas*. En ellos, la parte de ribosa se sustituye a veces por una glucosa o algún carbohidrato, mientras que en lugar de la purina o pirimidina puede haber otros tipos de anillos que contengan nitrógeno.

Sin embargo, nosotros no vamos a ocuparnos más que de los nucleótidos obtenidos de los ácidos nucleicos de los que en cualquier molécula de ácido existen sólo cuatro variedades.

La pregunta que ahora se suscita es cómo se combinan

los nucleótidos para formar los ácidos nucleicos propiamente dichos. También esto fue averiguado por Levene y corroborado por Todd.

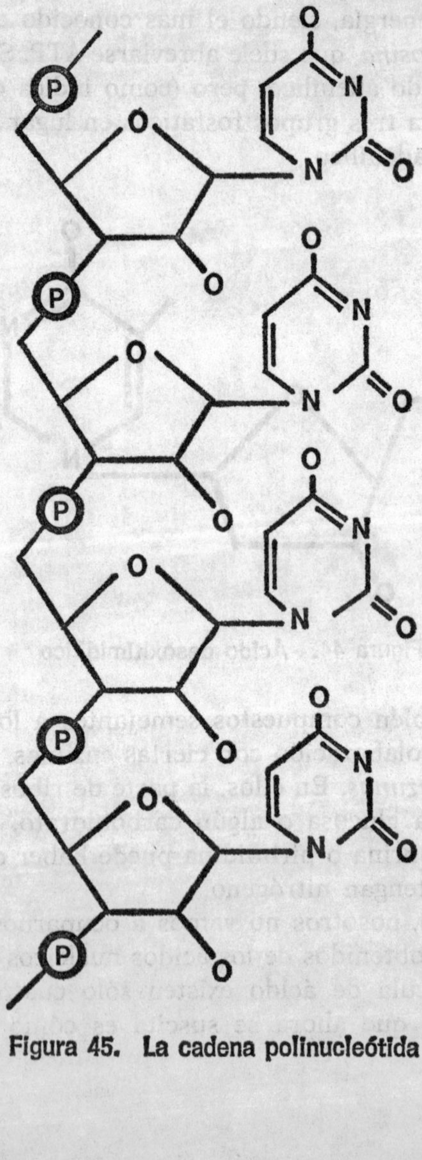

Figura 45. La cadena polinucleótida

El secreto está en el grupo fosfático. En los nucleótidos unitarios, consiste generalmente en un fosfato primario con un enlace, aunque también puede ser un fosfato secundario con dos enlaces, el segundo de los cuales está unido a un segundo nucleótido. Toda una serie de nucleótidos puede enlazarse mediante fosfatos secundarios, como puede verse en la serie de ácidos uridílicos de la figura 45.

Los nucleótidos unidos de la figura 45 forman una cadena polinucleótida. Cuando el polinucleótido está compuesto por nucleótidos de ribosa (como en la figura 45), cada grupo de azúcar tiene un grupo hidroxilo que sobresale. (Está representado por la —O que sale de cada anillo de azúcar.)

Si el polinucleótido está formado por nucleótidos de desoxirribosa, no se da este grupo hidroxilo libre. (Compárense figuras 44 y 43.) De ello se deduce, pues, que el ARN está compuesto por una cadena polinucleótida de cuya parte de azúcar sobresalen grupos hidroxilos, mientras que el ADN está formado por una cadena polinucleótida sin grupos hidroxilos.

La cadena polinucleótida tiene cierta similitud con la cadena polipéptida de las proteínas. La cadena polipéptida está formada por una «columna vertebral» de poliglicina que discurre a lo largo de toda la cadena, dándole unidad; de ella parten las diferentes cadenas secundarias que dan diversidad a la molécula. Análogamente, la estructura polinucleótida tiene una «columna vertebral» de azúcar y fosfato que discurre a todo lo largo de la cadena y de la que parten las diferentes purinas y pirimidinas. En la figura 46 se muestra una comparación esquemática.

En la molécula de proteína sólo varían las cadenas secundarias y en la molécula de ácido nucleico, sólo las purinas y las pirimidinas.

Aquí se plantea lo que parece una curiosa paradoja. En la columna vertebral de poliglicina puede haber hasta veintidós cadenas secundarias diferentes (contando como uno de los elementos la falta de una cadena secundaria para una glicina); pero en la columna vertebral de azúcar y fosfato sólo hay cuatro purinas o pirimidinas diferentes.

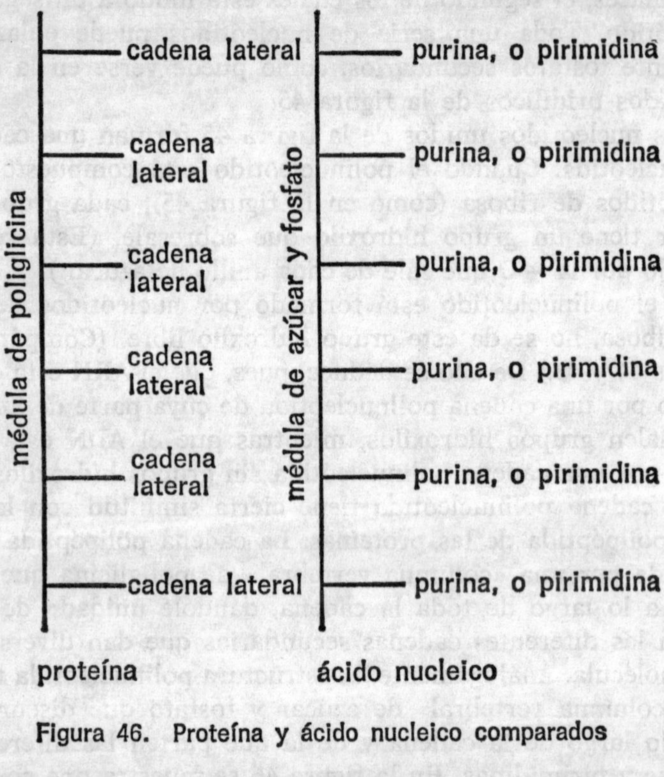

Figura 46. Proteína y ácido nucleico comparados

¿Cómo con sólo cuatro «palabras» para determinar el código puede el ácido nucleico suministrar la información necesaria para fabricar una molécula que puede contener hasta veintidós «palabras»?

Oportunamente nos ocuparemos de esta pregunta clave y hallaremos la respuesta, pero no sin antes examinar más detenidamente la molécula de ácido nucleico propiamente dicha.

Capítulo VIII

DE CADENA A HÉLICE

LONGITUD DE LA CADENA

Ahora que ya sabemos cómo están unidos los nucleótidos en la molécula de ácido nucleico podemos preguntar cuántos nucleótidos forman un ácido nucleico.

Este problema no preocupó seriamente a los bioquímicos hasta la década de los 40. Y es que, en primer lugar, se daba por descontado que la molécula de ácido nucleico era relativamente pequeña. La misma circunstancia de su asociación con la proteína hacía que ello pareciera plausible: en una proteína conjugada la parte de proteína en sí debía ser (al parecer) el elemento dominante.

Por ejemplo, tomemos la hemoglobina. Ésta contiene, además de sus 574 aminoácidos, cuatro grupos hema. Cada grupo hema es unas cinco veces mayor que el aminoácido medio; aun así, los cuatro hemas juntos representan sólo un 3 por ciento de las moléculas de hemoglobina. (El hema se llama *grupo prostético*, de una palabra griega que significa «lo que está añadido».)

El hema es la «parte activa» de la hemoglobina. Cada grupo hema tiene en su centro un átomo de hierro al que están unidas flojamente moléculas de oxígeno, de manera que la hemoglobina actúa en el cuerpo en calidad de transportador de oxígeno. No obstante, lo que realmente determina el funcionamiento del grupo hema es la parte de proteína. En el cuerpo hay varias enzimas: *catalasa, peroxidasa* y varios *citocromos*, cada una de las cuales contiene uno o más grupos hema; sin embargo, ninguna de ellas puede sustituir a la hemoglobina. En realidad, todas tienen funciones diferentes, diferencias determinadas por las existentes en la parte de proteína de la molécula.

Existen otros tipos de proteínas conjugadas que poseen otros tipos de grupos prostéticos. Están, por ejemplo, las *glicoproteínas* que tienen azúcares modificados como grupos prostéticos.

En cada caso, el grupo prostético parece ser un agregado menor a la proteína en su conjunto, con una función menor. Por ello, parecía lógico suponer que también los ácidos nucleicos, al igual que otros grupos prostéticos, eran moléculas relativamente pequeñas con una función subsidiaria en el conjunto de la molécula.

A esta suposición lógica se sumaron las observaciones realizadas por el propio Levene. Él había aislado de las nucleoproteínas sustancias que, al ser examinadas, resultaron ser cadenas nucleótidas de unos cuatro nucleótidos de longitud. Eran, en otras palabras, *tetranucleótidos*. A Levene le pareció que éstas debían de representar el grupo prostético de las nucleoproteínas. También parecía lógico suponer que cada tetranucleótido estaba compuesto por cada uno de los cuatro nucleótidos diferentes.

Desgraciadamente, las conclusiones de Levene estaban basadas en observaciones que no podían reflejar una imagen real. Su método para desprender el ácido nucleico de la proteína requería la utilización de ácidos y álcalis. Éstos desprendían el ácido nucleico, pero también descomponían la cadena nucleótida en pequeños fragmentos. Y eran estos fragmentos lo que Levene estudiaba.

Finalmente, otros bioquímicos aplicaron métodos de aislamiento más suaves y obtuvieron resultados diferentes. Aislaron ácidos nucleicos que consistían en cadenas de más de cuatro nucleótidos. Poco a poco, se puso de manifiesto que la teoría de la estructura tetranucleótida del ácido nucleico era errónea. Durante los años 40 se obtuvieron cadenas más y más largas; en los 50 se obtenían muestras de ARN con moléculas que contenían mil nucleótidos y muestras de ADN con moléculas que contenían veinte mil nucleótidos.

Pero quizá estos últimos valores sean exagerados. Es posible que, con los procesos de separación actuales, queden unidas ligeramente varias moléculas de ácido nucleico, haciendo que las cadenas nucleótidas parezcan más largas de lo que son en realidad en los tejidos.

En la actualidad se calcula que un gen puede consistir en una molécula de ácido nucleico formado por una cadena de 200 a 2.000 nucleótidos.

DIVERSIDAD DE LA CADENA

Pese a la revelación de que los ácidos nucleicos pueden ser tan grandes o más que las proteínas (un ácido nucleico compuesto sólo por 200 nucleótidos es tan grande como una molécula de hemogloblina), la teoría de la estructura tetranucleótida subsistió durante algún tiempo, aunque en una versión modificada. Se admitía que una molécula de ácido nucleico fuera algo más que cuatro nucleótidos diferentes combinados en una cadena corta, pero se sugería que la molécula podía consistir en cuatro nucleótidos diferentes repetidos una y otra vez formando una cadena larga.

Si la teoría de la estructura tetranucleótida así modificada fuera correcta, no se podría esperar que los ácidos nucleicos fueran los portadores del código genético. Semejante tetranucleótido múltiple sería, simplemente, como una larga «frase» que repitiera «y... y... y... y...».

Si la molécula de almidón es, simplemente, «glucosa-glucosa-glucosa-glucosa», el ácido nucleico sería «tetranucleótido-tetranucleótido-tetranuclótido». El que un tetranucleótido sea siete veces y media más grande que una molécula de glucosa no importa. Una frase que diga «invencible-invencible-invencible» no es mucho más expresiva que la que dice: «y-y-y», a pesar de que en el primer caso la palabra es más larga e impresionante.

De manera que cuando, en 1944, se publicaron los experimentos de Avery, MacLeod y McCarty (véase la página 124), los bioquímicos empezaron a pensar, con cierta desazón, que la teoría de la estructura tetranucleótida, por más que se modificara, no era correcta. El ácido nucleico llevaba la información genética; el modelo tetranucleótido no podía llevarla. Además, el estudio de las transformaciones bacterianas reveló que existían extensas variedades de ácidos nucleicos, cada una de las cuales podía provocar una transformación determinada, pero no otras. Ello no sería posible si la teoría de la estructura tetranucleótida fuera correcta.

Entonces empezó a dedicarse mayor atención a los ácidos nucleicos.

Afortunadamente, en 1944, el mismo año en que Avery, MacLeod y McCarty revolucionaron las teorías existentes sobre los ácidos nucleicos, Martin y Synge desarrollaron la técnica de la cromatografía del papel. Aunque en un principio esta técnica se aplicó a los aminoácidos, pudo adaptarse fácilmente a las purinas y pirimidinas.* La dirección a seguir parecía clara: descomponer los ácidos nucleicos, separar las purinas y pirimidinas, analizar la mezcla purina/pirimidina por cromatografía del papel y luego averiguar si los cuatro están presentes en cantidades iguales.

Si así era, la teoría de la estructura tetranucleótida *podía* ser correcta. Según esta teoría, las purinas y pirimidinas debían repartirse así: 1-2-3-4-1-2-3-4-1-2-3-4... por lo que de cada una habría igual cantidad. Pero también podía haber cantidades iguales distribuidas al azar.

Por otro lado, si el análisis de la mezcla purina/pirimidina revelaba que cada elemento se hallaba presente en número distinto, ya no cabría duda: la teoría de la estructura tetranucleótida estaría descartada.

Y así fue. Uno de los más asiduos investigadores del problema fue Erwin Chargaff. En 1947, obtenía ya resultados que revelaban no sólo que purinas y pirimidinas se daban en cantidades diferentes en los ácidos nucleicos sino también que la proporción de un nucleótido respecto a otro variaba en cada ácido nucleico. La teoría de la estructura tetranucleótida había muerto.

A principios de los 50, Chargaff demostró también que, en realidad, los distintos nucleótidos estaban dispuestos en un orden aparentemente casual. Si ello se confirmaba, el número de disposiciones dentro de un polinucleótido podía ser muy grande. Tal vez no tanto como el de las de una cadena polipéptida de tamaño similar, por supuesto, ya que el polipéptido puede tener hasta 22 unidades diferentes que disponer, mientras que la cadena polinucleótida tiene sólo cuatro.

Así pues, una cadena polipéptida compuesta por 20 ami-

* En realidad, la cromatografía del papel podía adaptarse, y lo fue, a casi cualquier mezcla de sustancias afines y en los pocos años transcurridos desde su desarrollo, esta técnica se ha convertido en un instrumento indispensable en todas las ramas de la Bioquímica.

noácidos diferentes puede combinarse de unas 2.400.000.000.-000.000.000 (dos trillones cuatrocientos mil billones) de formas, mientras que una cadena polinucleótida compuesta por 20 nucleótidos puede combinarse con poco más de 1.100.000.000 de variaciones.

Es decir, la cadena polipéptida tiene la facultad de formar más de dos mil millones de combinaciones más que una cadena polinucleótida compuesta por un número de unidades similar.

Pero, ¿quién ha dicho que las cadenas polinucleótidas no pueden tener más unidades que las que posee una proteína? Tomemos una cadena polinucleótida que contenga el doble de nucleótidos que aminoácidos tiene una determinada cadena polipéptida. En una y otra puede darse un número de disposiciones aproximadamente igual. La limitación de no contar más que con un máximo de cuatro unidades diferentes en lugar de 2, se compensa doblando la longitud de la cadena más limitada.

Y resulta que la molécula de ácido nucleico media contiene no ya dos veces sino hasta cinco veces más unidades que la molécula de proteína media por lo que, en suma, la molécula de ácido nucleico tiene más posibilidades de formar disposiciones diferentes.

A principio de los años 50 ya no se dudaba de que las moléculas de ácido nucleico no sólo *podían* ser portadoras del código genético sin ayuda, sino que lo eran realmente.

Pero, ¿por qué realizaba esta función el ácido nucleico y no la proteína?

En la Ciencia siempre es aventurado preguntar «¿Por qué?». No obstante, también puede ser interesante. Desde luego, no hay que olvidar que la respuesta al «¿Por qué?» es siempre un poco aleatoria y que no puede compararse con la contundencia de la respuesta a la pregunta «¿Qué?»

En este caso, mi opinión es que las proteínas son *demasia-*

do complejas y tienen *demasiadas* unidades. Pretender que una proteína almacene el patrón de la estructura proteínica y lo conserve intacto de división celular en división celular y de generación en generación del organismo tal vez sea mucho pedir. Existen demasiados puntos en los que puede introducirse el error.

Supongamos que, por el contrario, la información se almacena en una cadena polinucleótida. Ésta tiene un espinazo de azúcar y fosfato consistente en anillos de átomos acumulados que es mucho más robusto que la médula poliglicínica, relativamente endeble, de las moléculas de proteína, que es una simple cadena de átomos. Además, la cadena polinucleótida, con sólo cuatro unidades diferentes, ofrece al cuerpo una «elección» en cada una de las posiciones, sólo entre cuatro unidades, en lugar de veintidós, por lo que el organismo está menos expuesto a confundirse.

ENTRA LA HÉLICE

Aun así, no es fácil responder a la pregunta de cómo el código genético puede mantenerse intacto de célula en célula y de generación en generación. Aun admitiendo que una cadena polinucleótida puede ser más apta para esta función que una cadena polipéptida, el reconocerlo así no nos permite explicarnos *cómo* se conserva el código.

El primer paso en busca de la respuesta se dio por las mismas investigaciones (del número de purinas y pirimidinas) que demolieron la teoría de la estructura tetranucleótida.

Las desigualdades observadas entre purinas y pirimidinas no parecían en un principio dejar lugar a una esperanza de orden. En general, el número de grupos de adeninas era mayor que el de grupos de guaninas, por ejemplo, diferencia que variaba según la especie. En los ácidos nucleicos obtenidos de los erizos de mar había el doble de adeninas que de guaninas. En el ácido nucleico humano había sólo una vez y media más. En algunas especies, la diferencia se invertía y los grupos de guaninas eran más numerosos que las adeninas.

No obstante, con el tiempo se apreciaron ciertas regularidades de carácter general que parecían comunes a todas las especies y criaturas, desde el hombre hasta los virus:

1.° El total de adeninas parecía ser aproximadamente igual al total de las timinas del ADN (o al de los uracilos del ARN) en todos los ácidos nucleicos estudiados.

2.° El total de adeninas parecía sensiblemente igual al de las citosinas.

3.° El total de purinas (adenina más guanina) debía, por lo tanto, ser igual al total de pirimidinas (timina más citosina en el ADN y uracil más citosina en el ARN).

Eran éstas regularidades muy interesantes y, como demostraron los hechos, eran también importantes pistas para descubrir la estructura del ácido nucleico. Pero, antes de poder utilizarlas debidamente, se necesitaba una aportación crucial. Ésta llegó en 1953, cuando el físico inglés M. H. F. Wilkins estudió los ácidos nucleicos por la difracción de rayos X y dos colegas suyos, un inglés, F. H. C. Crick, y un norteamericano, J. D. Watson, que trabajaban en la Universidad de Cambridge, utilizaron este trabajo para proponer una importante teoría sobre la estructura del ácido nucleico. En la técnica de difración de rayos X (utilizada después por Kendrew para determinar la estructura tridimensional exacta de las moléculas de proteínas) se hace incidir un haz de rayos X en una sustancia. La mayoría de los rayos X la atraviesan imperturbables, pero algunos eran desviados de la trayectoria recta.

Si los átomos entre los que pasan los rayos X no están dispuesto de forma ordenada, las desviaciones son también desordenadas. Si se hacen incidir sobre una placa fotográfica después de atravesar la sustancia, aparece un punto central que marca la posición del haz principal. Éste habrá pasado sin desviarse y subsistirá para oscurecer la placa. Alrededor de este punto central se observa una neblina causada por los efectos de los rayos X desviados. Esta neblina se diluye de forma continua a medida que se distancia del punto central y muestra la misma intensidad (o debilitamiento) en todos los ángulos en torno al centro.

Si los átomos entre los que pasan los rayos X están dispuestos ordenadamente, los rayos se desvían en unas direcciones más que en otras. Y es que, por así decirlo, los átomos ordenados se refuerzan mutuamente. Este efecto se acusa especialmente cuando los átomos observan un orden perfecto, por ejemplo, en un cristal. Un haz de rayos X que atraviese un cristal formará un bonito dibujo simétrico de puntos que irradian del foco central. Por las distancias y ángulos de los puntos, se puede calcular la situación relativa de los átomos en el cristal.

Esta misma técnica puede aplicarse a las macromoléculas cuyas unidades se repiten ordenadamente. El orden no es tan simétrico como en el cristal, pero existe un orden. La imagen de la difracción de los rayos X es más desdibujada y difícil de interpretar, pero no es una nebulosa amorfa ni carece de interpretación.

Watson y Crick, trabajando hacia atrás a partir de los datos de difracción de los rayos X, sacaron la conclusión de que la molécula de ácido nucleico estaba dispuesta en forma de hélice. La hélice es una figura en forma de escalera de caracol, mal llamada «de espiral», ya que la espiral es una figura plana, algo así como un muelle de reloj, mientras que la hélice es una curva tridimensional, comparable a un muelle de somier.

Esta conclusión no fue en sí una novedad. Como ya queda

Figura 47. La hélice doble del ácido nucleico

dicho, la cadena polipéptida puede doblarse. Pues bien, en 1951, los químicos norteamericanos Linus B. Pauling y R. B. Corey demostraron que las cadenas polipéptidas de proteínas tales como el colágeno están dispuestas en hélices sujetas por enlaces de hidrógeno.*

No obstante, el modelo de moléculas de ácido nucleico propuesto por Watson-Crick difiere del modelo de proteína de Pauling-Corey. El ácido nucleico de Watson-Crick está formado por *dos* cadenas polinucleótidas que componen una hélice entrelazada en torno a un eje común: Las moléculas azúcar-fosfato constituyen las líneas de la hélice, mientras que las purinas y pirimidinas apuntan hacia el interior o centro, como indica la figura 47.

Éste es el modelo que, al fin, hizo encajar todos los datos que con tanto esfuerzo habían sido recogidos sobre las proporciones de purina y pirimidina y que, como veremos en el capítulo siguiente, permitiría abordar de inmediato el problema de la reproducción.**

* Por este trabajo y por la gran labor realizada anteriormente sobre los enlaces entre átomos, Pauling recibió el Premio Nobel de Química en 1954.

** Por su labor en este campo, Wilkins, Watson y Crick compartieron el Premio Nobel de Medicina y Fisiología en 1962.

6 — 3960

gado, la cadena polipeptídica puede doblarse. Pues bien, en 1951, los químicos norteamericanos Linus C. Pauling y R. B. Corey demostraron que las cadenas polipeptídicas de proteínas tales como el colágeno estaban dispuestas en hélices sujetas por enlaces de hidrógeno.*

No obstante, el modelo de molécula de ácido nucleico propuesto por Watson-Crick difiere del modelo de proteína de Pauling-Corey, ya que el ácido nucleico de Watson-Crick está formado por dos cadenas polinucleótidas que componen una doble hélice enlazada en torno a un eje común. Las moléculas azúcar-fosfato constituyen las bases de la hélice, mientras que las purinas y pirimidinas apuntan hacia el interior o centro, como indica la figura 17.

Este es el modelo que al fin había encajado con los datos que con tanto estudio habían sido recogidos sobre las propiedades de purina y pirimidina y que, como veremos en el capítulo siguiente, permitiría abordar de una vez el problema de la reproducción.**

* Por este trabajo y por la gran labor realizada anteriormente sobre los enlaces entre átomos, Pauling recibió el Premio Nobel de Química en 1954.

** Por su labor en este campo, Wilkins, Watson y Crick compartieron el Premio Nobel de Medicina y Fisiología en 1962.

Capítulo IX

FILAMENTOS COMPLEMENTARIOS

LA COMBINACIÓN PURINA/PIRIMIDINA

Los dos filamentos helicoidales de la molécula de ácido nucleico están unidos por enlaces de hidrógeno entre purinas y pirimidinas en los puntos en los que estos últimos llegan al centro de la hélice.

Pueden darse tres disposiciones: una purina puede estar enlazada por hidrógeno a otra purina; una pirimidina puede estar enlazada por hidrógeno a otra pirimidina o una purina puede estar enlazada por hidrógeno a una pirimidina.

Dado que la purina se compone de dos anillos y la pirimidina de uno, la combinación purina-purina forma un largo tramo de cuatro anillos entre filamento y filamento; una combinación pirimidina-pirimidina formará un tramo corto de dos anillos y una combinación purina-pirimidina, un tramo mediano de tres anillos.

Si en una hélice doble se dieran las tres variedades de combinación de anillos —o, incluso, dos— los dos filamentos quedarían separados entre sí por distancias variables. El modelo

Watson-Crick, según se deduce de los datos obtenidos por la difracción de rayos X, indica que ello es imposible. Los filamentos se separan a intervalos iguales a todo lo largo de la hélice; por lo tanto, los enlaces han de ser siempre purina-purina, pirimidina-pirimidina o purina-pirimidina.

Ahora bien, si la combinación fuera invariablemente puri-

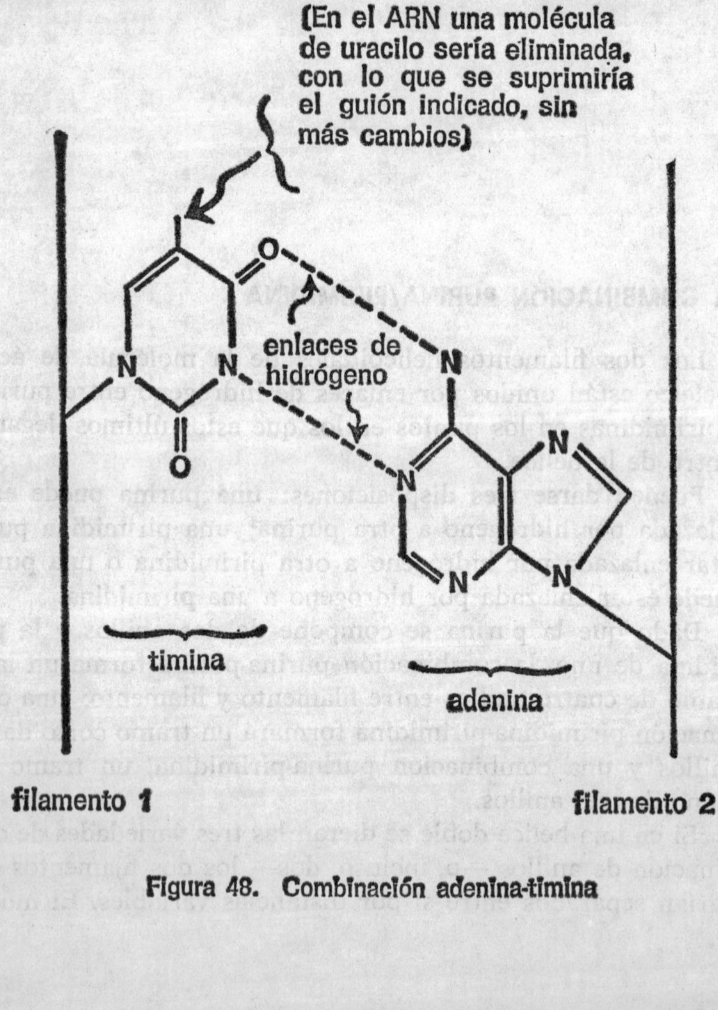

Figura 48. Combinación adenina-timina

na-purina, no habría pirimidinas en las moléculas y, si fuera siempre pirimidina-pirimidina, la molécula no tendría purinas. Puesto que no se ha hallado en la Naturaleza ninguna molécula de ácido nucleico que no tenga a la vez purinas y pirimidinas, tenemos que eliminar las uniones purina-purina y pirimidina-pirimidina.

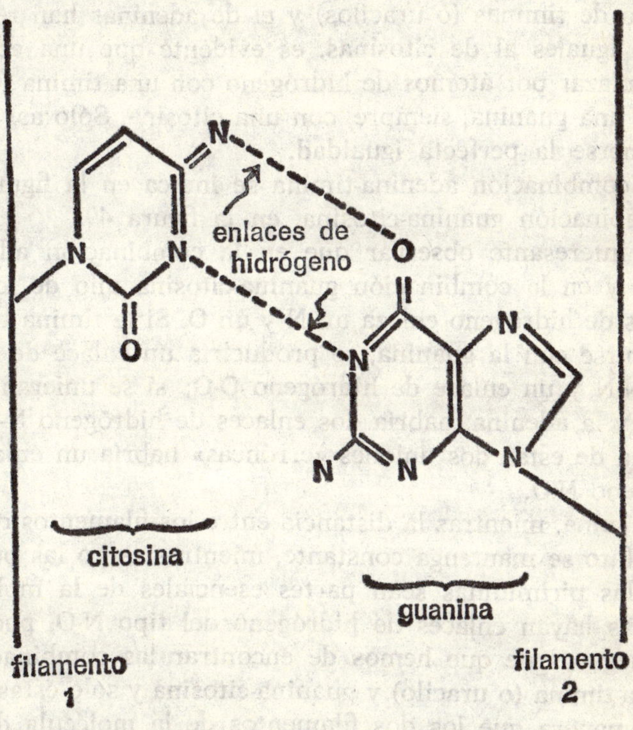

Figura 49. La combinación guanina-citosina

Así pues, la única combinación posible es purina-pirimidina. A todo lo largo de los filamentos helicoidales, cuando una purina se alarga hacia el interior desde su soporte medular, una pirimidina hace otro tanto desde el punto correspondiente del suyo y ambas se unen en el centro mediante enlaces de hidrógeno.

Desde luego, existen dos pirinas y dos pirimidinas diferentes, por lo que es preciso averiguar qué purina y qué pirimidina se enlazan. Pero esta pregunta tiene fácil respuesta. Dado que en todas las moléculas de ácido nucleico analizadas, el número de timinas (o uracilos) y el de adeninas han resultado ser iguales al de citosinas, es evidente que una adenina debe enlazar por átomos de hidrógeno con una timina (o uracilo) y una guanina, siempre, con una citosina. Sólo así puede mantenerse la perfecta igualdad.

La combinación adenina-timina se indica en la figura 48; la combinación guanina-citosina, en la figura 49.

Es interesante observar que en la combinación adenina-timina y en la combinación guanina-citosina uno de los dos átomos de hidrógeno enlaza un N y un O. Si la timina tuviera que unirse con la guanina, se produciría un enlace de hidrógeno N-N y un enlace de hidrógeno O-O; si se unieran la citosina y la adenina, habría dos enlaces de hidrógeno N-N. En ninguna de estas dos uniones «erróneas» habría un enlace de hidrógeno N-O.

En suma, mientras la distancia entre los filamentos de azúcar-fosfato se mantenga constante, mientras tanto las purinas como las pirimidinas sean partes esenciales de la molécula, mientras hayan enlaces de hidrógeno del tipo N-O, podemos estar seguros de que hemos de encontrar las combinaciones adenina-timina (o uracilo) y guanina-citosina y sólo éstas.

De manera que los dos filamentos de la molécula de ácido nucleico son complementarios. No son idénticos sino que se combinan por oposición, por así decirlo. Si averiguamos el orden exacto de los nucleótidos del filamento 1 de cualquier molécula de ácido nucleico, sabremos de inmediato el orden exacto de los nucleótidos del filamento 2 de la misma molécula. Donde en el filamento 1 hay adenina en el 2 habrá timina y viceversa (o uracilo en lugar de timina si se trata de ARN). Si el filamento 1 tiene guanina, el 2 tendrá citosina y viceversa.

Para simplificar, representaremos la adenina por una A, la timina por una T, la guanina por una G y la citosina por una C. Si en una cadena de ADN la sucesión de nucleótidos es ATTTGTCCACAGATACGG, en el acto sabremos que la sucesión de nucleótidos de la parte correspondiente de la otra cadena será TAAACAGGTGTCTATGCC.* Y no nos equivocaremos. En este aspecto, la Naturaleza es, por lo menos, tan lista como nosotros.

DOS POR UNO

El modelo de hélice doble desarrollado por Watson y Crick para la representación del ácido nucleico allanó el terreno para nuevos avances. Watson y Crick propusieron la idea de que en la división celular, las distintas moléculas de ácido nucleico que forman los genes y cromosomas se reproducen por un proceso en el que cada filamento sirve de modelo para el otro.

Para simplificar, tomemos una molécula de ADN compuesta por el filamento doble normal pero con sólo cuatro nucleótidos en cada filamento.

El filamento A consiste en nucleótidos que tienen, por este orden: una adenina, una citosina, una adenina y una guanina: ACAG. El filamento B, naturalmente, consistirá en nucleótidos

* Lo mismo puede decirse del ARN si sustituimos la timina por el uracil.

que contengan, por este orden: una timina, una guanina, una timina y una citosina: TGTC.

Ahora se separan. El filamento A hace de modelo. Utiliza nucleótidos libres que la célula puede fabricar fácilmente y que, por lo tanto, se hallan disponibles en todo momento en cantidad y variedad.

El primer nucleótido del filamento A contiene una adenina que automáticamente formará un enlace de hidrógeno con una molécula de ácido timidílico. Este acto no persigue un «fin». Las moléculas chocan con la adenina por el movimiento natural que agita constantemente a todas las moléculas de la célula. Con algunas de ellas la adenina puede formar enlaces de hidrógeno. El más firme de estos enlaces se produce cuando una timina choca en debida forma. La timina sustituirá a cualquier molécula ya enganchada y no será sustituida por otras. Después de un período de tiempo, corto para la apreciación humana (una milésima de segundo o menos), pero lo bastante largo como para que puedan producirse millones de colisiones, el extremo de timina del ácido timidílico queda firmemente sujeto en su lugar.

De igual modo, el segundo nucleótido del filamento, que contiene una citosina, se unirá a un ácido guanílico. En resumen, el ACAG del filamento aislado A formará un filamento TGTC a su lado. Mientras, el filamento aislado B formará un ACAG al lado de su propio TGTC. En lugar del filamento doble original habrá ahora dos filamentos dobles idénticos, como indica la figura 50.

Este modelo de la estructura y reproducción del ácido nucleico propuesto por Watson-Crick es tan claro y sencillo («elegante» es el adjetivo que emplearían los científicos) y tan expresivo que otros bioquímicos sintieron inmediatamente el deseo de adoptarlo. Al fin y al cabo, los científicos son seres humanos y una teoría realmente atractiva se recomienda sola.

No obstante, por muy atractiva que sea una teoría, siempre

es preferible poseer pruebas concluyentes que la corroboren.

Pensemos, pues, que en el modelo de reproducción del ácido nucleico de Watson-Crick los filamentos polinucleótidos individuales de ADN nunca se rompen. Es posible que un par

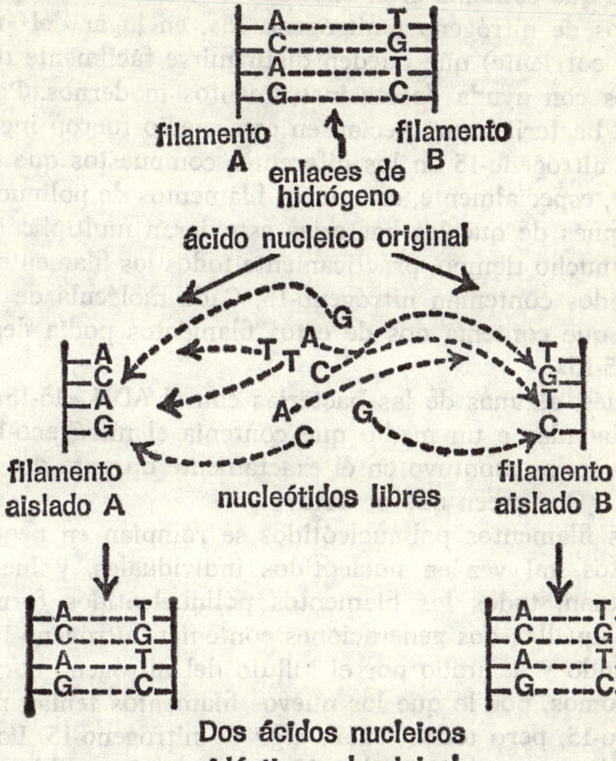

Figura 50. Duplicación

de filamentos se separen y atraigan nucleótidos libres para fabricar un nuevo filamento, pero el viejo filamento se mantiene intacto. Desde luego, cuando la célula muere todos sus polinucleótidos se disgregan, pero mientras dura la vida subsisten. Supongamos que se hace un experimento que nos da un resultado si los filamentos se rompen, y otro si permanecen intactos. Ello se hizo en 1958. Se cultivaron bacterias en un medio que contenía gran cantidad de una variedad pesada de átomos de nitrógeno («nitrógeno 15», en lugar del «nitrógeno 14» corriente) que pueden distinguirse fácilmente de los corrientes con ayuda de los instrumentos modernos. Poco a poco, las bacterias que crecían en este medio fueron incorporando el nitrógeno-15 en los diferentes compuestos que sintetizaban y, especialmente, en nuevos filamentos de polinucleótidos. Después de que las bacterias estuvieran multiplicándose durante mucho tiempo, prácticamente todos los filamentos polinucleótidos contenían nitrógeno-15. Cada molécula de ácido nucleico que contenía dos de estos filamentos podía denominarse «15-15».

Después, algunas de las bacterias con el ADN «15-15» fueron trasladadas a un medio que contenía el nitrógeno-14 corriente y se las montuvo en él exactamente durante dos generaciones. ¿Qué creen que ocurrió?

Si los filamentos polinucleótidos se rompían en pequeños fragmentos, tal vez en nucleótidos individuales, y luego se reconstruían, todos los filamentos polinucleótidos formados durante aquellas dos generaciones contenían nitrógeno-15. Estaba diluido y aclarado por el influjo del nitrógeno corriente de 14 átomos, por lo que los nuevos filamentos tenían menos nitrógeno-15, pero todos tenían *algo* de nitrógeno-15. Los ácidos nucleicos seguían siendo «15-15», y era imposible distinguir un ácido nucleico de cualquier otro.

Pero supongamos que el concepto Watson-Crick fuera cierto y que los filamentos no se rompieran. En la primera reproducción, cada uno de los ácidos nucleicos «15-15» se separaría en dos filamentos «15». Utilizando cada uno de ellos como modelo, se fabricarían nuevos filamentos; éstos, sin embargo, sólo contendrían nitrógeno-14, de manera que la nueva generación de ácidos nucleicos —formados cada uno por un filamento nuevo y otro viejo— serían todos «15-14».

A la segunda reproducción, los dos filamentos de los nuevos ácidos nucleicos volverían a separarse. Esta vez, la mitad de los filamentos modelo serían «15» y la otra mitad, «14». Pero todos los filamentos nuevos, formados en esta segunda reproducción, serían «14». Por lo tanto, la tercera generación de ácidos nucleicos volvería a desglosarse en dos categorías, una compuesta por «15-14» y la otra, por «14-14».

Después de dos generaciones, se analizaron cuidadosamente los ácidos nucleicos y, desde luego, se encontraron dos tipos, uno con nitrógeno-15 y el otro, sin él. Análogos resultados se obtuvieron en los experimentos realizados en los laboratorios de Brookhaven, utilizando células de plantas en desarrollo e hidrógeno radiactivo. Finalmente, se encontraron algunos cromosomas radiactivos y otros que no lo eran.

Ello no *demuestra* que el concepto Watson-Crick sea correcto, aunque, eso sí, aumenta su plausibilidad. Si los resultados hubieran apuntado en el sentido contrario —si todos los ácidos nucleicos nuevos hubieran sido «15-15», por ejemplo— el concepto Watson-Crick habría quedado completa y definitivamente descartado.

Pero no lo fue. En realidad, todas las investigaciones realizadas en los años transcurridos desde que Watson y Crick propusieron su teoría han tendido a reafirmarla y hoy en día son pocos los bioquímicos que no la aceptan.

Desde luego, se han detectado algunos virus que parecen tener moléculas de ácido nucleico compuestas de un solo filamento polinucleótido, y son virus que consiguen reproducirse. Por lo visto, ello se debe a que la reproducción se efectúa en dos fases: el filamento individual produce su complemento y, luego, el complemento produce una réplica del filamento original.

Evidentemente, este método es menos eficaz que el corriente de filamento doble, porque comporta descartar la mitad de los filamentos formados. Este método del filamento individual, aunque también funciona, parece estar limitado a unos cuantos virus. La mayoría de los virus y, por lo que ha podido averiguarse hasta ahora todas las criaturas celulares, se reproducen por el método del filamento doble.

El modelo de reproducción propuesto por Watson y Crick supone que un filamento polinucleótido puede mantenerse intacto durante toda la vida de un organismo determinado. Puede encontrarse casualmente en la célula del óvulo o en la célula espermática, pasar a un nuevo organismo y continuar durante toda la vida de éste. En teoría, hasta es posible que, en algún lugar del mundo, existan filamentos polinucleótidos transmitidos a través de infinidad de generaciones, quizás incluso desde la primera aparición de la vida.

Desde luego, ello es poco probable. La mayoría de los filamentos polinucleótidos perecen con el organismo y sólo una minoría insignificante se introduce en el óvulo fecundado y resisten durante otra generación. Puede ser que todos los filamentos polinucleótidos de esta minoría insignificante sean secundarios, es decir, que hayan sido formados durante la vida de los progenitores. En este caso, es posible que en realidad existan muy pocos filamentos polinucleótidos en el mundo que tengan más de cien años.

No obstante, la posibilidad de que haya entre los filamentos existentes un superpatriarca cuya formación date de los tiempos en los que la Tierra era joven nos ofrece un atisbo impresionante de la unidad y continuidad de la vida.

ERRORES

¿Es siempre perfecta la reproducción? (¿Hay *algo* que sea siempre perfecto?) Supongamos que el filamento A tiene una timina en una posición determinada, preparada para conectar con una adenina. Y supongamos que una guanina incide en la timina en el ángulo preciso para formar un enlace de hidrógeno. Es posible que una adenina no puede intervenir con la rapidez necesaria para desplazarlo, de manera que se forma la línea de nucleótidos y constituye un nuevo filamento que fija a la inoportuna guanina en ese lugar.

En este caso, no dispondríamos de un par de filamentos A-B perfectamente complementarios sino que el nuevo filamento estaría un poco desfasado y tendríamos A-B'.

A la siguiente reproducción, los dos filamentos se separarían. El filamento A formaría otro filamento perfectamente complementario, ya que los accidentes son raros y no suelen ocurrir dos veces seguidas. Pero mientras tanto, durante la misma etapa de reproducción, el filamento B' formaría su propio complemento, A'. La guanina intrusa se uniría a una citosina, en lugar de conectar con una timina, que es el elemento que debería figurar en A.

Ello significa que cuando el ácido nucleico A-B' se reproduce, forma dos tipos distintos de ácido nucleico, A-B y A'-B'. Luego, cada uno de estos tipos se perpetúa en futuras reproducciones, a no ser que ocurran nuevos accidentes, por supuesto.

El ácido nucleico A'-B' no provocará la formación de la misma enzima que fabrica A-B. Al fin y al cabo, se trata de un patrón diferente; el código genético está alterado. La presencia de una enzima diferente distorsiona el proceso químico de la célula, produciendo una mutación por la cual en la célula hija se da una característica que no se encontraba en la madre. (Algunos creen que esta mutación celular produce una célula con un mecanismo defectuoso para la regulación de la división celular. Estas células defectuosas se dividen y dividen hasta el infinito, produciendo lo que llamamos cáncer.)

Si el nuevo ácido nucleico A'-B' se introduce en una célula espermática u ovular y de aquí pasa a un óvulo fecundado, todas las células del nuevo organismo la tendrán (salvo que se produzcan nuevos cambios), por lo que la mutación afectará al nuevo organismo en su conjunto y no sólo a algunas de sus células.

También puede introducirse una mutación a consecuencia de un rizo producido en los filamentos durante el proceso de reproducción. Una reproducción perfecta requiere que todos los nucleótidos que componen cada filamento se encuentren en disposición de ser bombardeados por los nucleótidos libres, de manera que cada uno de ellos pueda recibir su complemento adecuado.

Pero supongamos que un filamento se riza, con lo que los componentes que se encuentran dentro del rizo quedan fuera de servicio. Un filamento normal, dotado de una sección CTAG requiere en su complemento una sección GATC. Ahora bien, si la parte TA se encuentra anudada y C y G quedan yuxtapuestas, puede formarse un complemento consistente sólo en G y C. A su vez, este filamento anormal formará un complemento anormal en la reproducción siguiente, produciendo una molécula de ácido nucleico en la cual la sección TA, dentro del rizo, sea anulada permanentemente.

Los nucleótidos de un filamento de una molécula de ácido nucleico que esté en reposo también pueden alterarse por efecto de la reacción provocada por sustancias especialmente activas que se encuentren en sus inmediaciones. Estos cambios serán perpetuados por la reproducción; otra mutación.

Cualquier factor del medio ambiente que aumente las probabilidades de la mutación se llama *agente mutagénico*. El calor parece ser mutagénico: a medida que sube la temperatura, aumenta el índice de mutación de las bacterias de las moscas de la fruta (u otros pequeños organismos). Quizás ello se deba a que un aumento de temperatura, por pequeño que sea, debilita notablemente el leve enganche de los enlaces de hidrógeno. La diferencia entre la solidez de un enlace de hidrógeno de ácido nucleico con su anticomplemento puede disminuir. En este caso, sería mucho más fácil sustituir la adenina adecuada por una guanina; mucho más fácil, pues, formar una mutación.

Otro agente mutagénico es la energía radiante que comprende tanto los rayos ultravioleta del sol como los rayos X, así como las diversas radiaciones producidas por las sustancias radiactivas. Todos ellos producen en la célula *radicales libres*. Éstos suelen ser fragmentos de moléculas; generalmente, moléculas de agua que son, con mucho, las más numerosas en los tejidos vivos.

Los radicales libres son muy reactivos y se combinan con cualquier molécula con la que entran en contacto, alterándola. Si se forman radicales libres en número suficiente, algunos de ellos tendrán que colisionar con moléculas de ácido nucleico y las alterarán. El resultado será la mutación.

Si la dosis de radiación es muy fuerte, el código genético de las células vitales puede resultar dañado hasta el extremo en que éstas no puedan seguir desempeñando sus funciones. Ello provoca la «enfermedad de la radiación» e, incluso, la muerte. Éste es el peligro que supone para la Humanidad una guerra nuclear.

También hay elementos químicos que, al combinarse con moléculas de ácido nucleico y alterar la estructura de éstas, aumentan el índice de mutación. Los más conocidos de estos mutágenos químicos son el gas mostaza, empleado en la Primera Guerra Mundial y compuestos afines llamados «mostazas de nitrógeno».

Incluso en las circunstancias en las que el contacto sea más leve, se producen mutaciones, ya que los agentes mutagénicos no pueden ser eliminados por completo. El sol inunda constantemente todas las formas de vida con rayos ultravioleta. Las sustancias radiactivas existentes en pequeñas cantidades en la tierra, el mar y el aire también emanan radiaciones. Desde la estratosfera nos bombardean partículas de radiaciones cósmicas. Y a todo ello hay que sumar el factor del azar durante el proceso de reproducción.

En suma, los accidentes y las mutaciones son inevitables. Por ejemplo, existe una enfermedad, conocida por el nombre de hemofilia, que impide que la sangre se coagule, por lo que una pequeña herida puede producir la muerte. Ello se debe a un «error congénito» de los mecanismos químicos del cuerpo. El hemofílico nace con la incapacidad de fabricar la enzima o enzimas que son indispensables en algún momento del enormemente complicado proceso de la coagulación. Generalmente, tal incapacidad para producir una enzima (debida a la existencia en los cromosomas de una molécula de ácido nucleico defectuosa) es hereditaria. No obstante, también puede darse (por mutación) en un hijo de padres normales. Esta mutación se produce en uno de cada treinta mil nacimientos. (Por cierto que la mutación no siempre se manifiesta. Por causas que no examinaremos aquí, las mujeres pueden tener el gen defectuoso y, sin embargo, poseer una sangre que se coagula normalmente.)

Pero no todas las mutaciones son resultado de un error destructivo. Algunos cambios —por puro azar— pueden equipar mejor a un organismo para prosperar en su medio ambiente. En definitiva, éste es el resorte que determina la evolución por selección natural. Por lo tanto, más de un siglo después de que Darwin, a base de una laboriosa observación, formulara su teoría de la evolución de los organismos, los hombres de ciencia la corroboran al nivel de las moléculas.

FILAMENTOS HECHOS POR EL HOMBRE

En la reproducción del ácido nucleico, los diversos nucleótidos libres deben unirse entre sí una vez han ocupado sus respectivos lugares en la cadena. Aparentemente, ello se realiza en dos etapas. Primeramente, se añade al nucleótido un segundo fosfato sujeto, por así decirlo, a la cola del primer fosfato. El resultado es un «difosfato». Este segundo fosfato es sustituido por el nucleótido inmediato, con lo que los dos nucleótidos quedan conectados por un grupo fosfático secundario. Ello ocurre en toda la línea y así se forma una cadena polinucleótida.

Esta reacción debe ser catalizada por una enzima. Severo Ochoa, en 1955, bioquímico español, nacionalizado estadounidense, aisló de las bacterias precisamente esta enzima. Al agregar esta enzima a una solución del nucleótido de la variedad difosfática se obtuvo un sorprendente aumento de viscosidad. La solución se espesó y adquirió una consistencia gelatinosa, buena prueba de que se habían formado moléculas largas y delgadas.

Partiendo de un solo tipo de compuesto, por ejemplo, *difosfato de adenosina* (denominación del ácido adenílico que posee un segundo grupo fosfático), se forma una larga cadena polinucleótida, compuesta por una serie de ácidos adenílicos. Es el *ácido poliadenílico,* es decir, AAAAAAAA... A partir del difosfato de uridina puede obtenerse, por síntesis, el ácido poliurídico o UUUUUUUU... Etcétera. También se puede partir de dos, tres o cuatro difosfatos distintos y obtener cadenas polinucleótidas de dos, tres o cuatro componentes.

En un principio, la formación de las cadenas es lenta; existe una especie de «período de puesta en marcha». Al cabo de un tiempo, cuando una parte de la cadena ya está formada, ésta se constituye en el núcleo en torno al cual se puede operar y la reacción se acelera. Incluso puede eliminarse el período de puesta en marcha agregando al empezar algo de polinucleótido, en calidad de «cebado».

Si a una solución de difosfato de adenosina se agrega ácido poliadenílico, se forma rápidamente más ácido poliadenílico. Pero si a una solución de difosfato de adenosina se agrega ácido poliuridílico la formación de ácido poliadenílico *no* se acelera. El ácido poliuridílico no es un buen «cebado».

Ochoa realizó su trabajo sobre ARN. Al año siguiente, 1956, el bioquímico norteamericano Arthur Kornberg, hizo otro tanto sobre ADN. Éste aisló una enzima que puede formar largas cadenas polinucleótidas a partir de desoxinucleótidos individuales y se encontraron tres (no dos) grupos fosfáticos. Estos nucleótidos son los «trifosfatos» (el trifosfato de adenosina o ATP, mencionado anteriormente, es uno de ellos).

Pero Kornberg no formó variedades de ADN compuestas por una sola especie de nucleótido (o, por lo menos, no con esta enzima concreta). Las cadenas de ADN se formaron sólo cuando se hallaban presentes, en solución, las cuatro clases distintas de desoxinucleótidos. Lo que es más, sólo se formó ADN cuando en la solución, además de los trifosfatos existía ya una muestra de ADN de cadena larga.*

Al parecer, la formación en la probeta de las dos variedades de ácido nucleico se realizaba de modo diferente. El ARN se formaba por la adición de un nucleótido a otro, sin necesi-

* Por este trabajo, Ochoa y Kornberg compartieron el Premio Nobel de Medicina y Fisiología de 1959.

dad de modelo. El «cebador» sólo servía de núcleo para la formación de más nucleótidos; además, las cadenas formadas eran idénticas al cebador. El ADN, por el contrario, parecía formarse por reproducción, incluso en la probeta.

Ello es lógico, ya que el ácido nucleico característico de los genes y cromosomas es el ADN y no el ARN. Y el ADN, no el ARN, es el material reproductor de las células.

Esto no quiere decir que la molécula de ARN no pueda dedicarse a la reproducción, como demuestra la existencia de numerosos virus simples que sólo contienen ARN, por ejemplo, el ya mencionado virus del mosaico del tabaco, el primer virus que fue cristalizado. Cuando este virus invade una célula de la hoja del tabaco se multiplica en su interior, formando centenares de moléculas víricas. Cada nueva molécula contiene una molécula de ARN distinta de las moléculas de ARN del tabaco, pero idéntica al ARN del virus intruso. Las nuevas moléculas de ARN sólo pueden haber sido formadas por reproducción.

De todos modos, la vida basada en la reproducción del ARN no es tan próspera como la que depende de la reproducción del ADN. Los únicos exponentes de la primera son los virus más simples, mientras que los virus más complicados y toda la vida celular sin excepción conocida son producto de la reproducción del ADN.

No obstante, toda la vida celular retiene ARN además de ADN y cada especie posee variedades características de ARN. ¿Cómo se fabrican y preservan sin reproducción determinadas moléculas de ARN a través de generaciones?

La respuesta parece ser que las moléculas de ARN pueden fabricarse utilizando el ADN como modelo. Así lo suponían muchos bioquímicos desde hacía años, pero ello no pudo comprobarse definitivamente hasta 1960. Entonces se descubrió que moléculas de ADN actuaban de cebadoras para la formación de ARN a partir de ribonucleótidos e, incluso, para la formación de una molécula de ARN complementaria del cebador de ADN.

Si se utiliza como cebador un ADN compuesto por un tipo único de nucleótido como el ácido polidesoxitimidílico (TTTTTTT...) se fabrica una molécula de ARN que, a su vez, contiene también un único tipo de nucleótido. En este caso, será ácido poliadenílico (AAAAAAAA...), dado que la timina y la adenina son complementarias.

Si se utiliza como cebador un ADN compuesto por ácido desoxitimidílico y ácido desoxiadenílico, se forma un ARN compuesto por los ácidos adenílico y uridílico complementarios. Por lo que ha podido observarse, los ácidos adenílicos se forman siempre frente a los ácidos desoxitimidílicos, mientras que los uridílicos se forman frente a los desoxiadenílicos.

La formación de un ARN complementario se produce aunque se hallen disponibles otros nucleótidos de tipo no complementario. En otras palabras, aunque en la solución se encuentren los cuatro nucleótidos, el cebador de ADN, compuesto sólo de ácido desoxitimidílico elegirá únicamente los ácidos adenílicos y dejará los demás.

Todo ello son datos que no sólo demuestran que con modelos de ADN se fabrica ARN, sino que corroboran la validez del modelo de reproducción propuesto por Watson-Crick.

En conclusión, el ADN es, pues, el portador del código genético en la vida celular. Si el ARN lo lleva también, ello se debe a que el ADN le ha transmitido la información.

En este caso, ¿qué falta nos hace el ARN? Si no es más que un «mono de imitación», ¿qué pinta en todo esto? Vamos a verlo.

Capítulo X

EL MENSAJERO DEL NÚCLEO

USOS DEL ARN

Desde luego, antes de la publicación del modelo Watson-Crick no se subestimaba la importancia del ARN, a pesar de que se sabía que no era el principal componente de los cromosomas. Por el contrario, si acaso se le daba excesivo énfasis a causa de la clara relación existente entre el ARN y la síntesis de las proteínas.

La concentración de ADN en las distintas células de un organismo determinado parece constante. Cada célula, esté o no creciendo, esté o no segregando material, tiene la misma cantidad de ADN. Ello no debe sorprendernos, ya que cada célula tiene igual equipo de cromosomas y en ellos está el ADN. En realidad, la única excepción son las células ovulares y espermáticas. Éstas tienen sólo un cromosoma de cada par, es decir, la mitad del equipo; y a nadie sorprenderá que contenga sólo la mitad del ADN que se encuentra en las células corrientes.

Por el contrario, la concentración del ARN en las distintas

células de un organismo determinado varía considerablemente. Experimentos que datan de principios de los años 40 han demostrado invariablemente que la concentración de ARN es más fuerte allí donde el índice de la síntesis de proteínas es mayor. Las células en desarrollo son más ricas en ARN que las células en reposo; al fin y al cabo, una célula en desarrollo tiene que duplicar su contenido de proteínas desde el momento de su formación hasta el de su división. Cuando una parte de un tejido está creciendo y otra no, la concentración de ARN es mayor en la parte que crece.

Las células que forman secreciones ricas en proteínas —las del páncreas y el hígado, por ejemplo— tienen también un alto índice de ARN. Por otra parte, si se introducen en las inmediaciones de la célula enzimas que provocan la descomposición del ARN (sin afectar al ADN) y se destruyen las moléculas de ARN, cesa la producción de proteínas.

La suma de todas estas observaciones permite afirmar que el ARN desempeña un papel importante en la síntesis de las proteínas. Y la síntesis de las proteínas es tan necesaria para la vida que a principios de los años 50 se apuntó la sugerencia de que el ARN era la variedad fundamental y vital de la molécula de ácido nucleico.

De todos modos, esta hipótesis no prosperó. Las pruebas recopiladas han dejado bien claro que el ADN es el producto primario y el ARN, el secundario, obtenido según el modelo del ADN. Esta opinión está confirmada, además, por la circunstancia de que el ARN presente en los cromosomas representa menos del 10 por ciento del total del ácido nucleico, mientras que dentro del núcleo hay una pequeña estructura llamada *nucléolo* (o pequeño núcleo) que parece estar formada por completo o en su mayor parte por ARN. Así pues, parece razonable suponer que el ARN se forma continuamente en los puntos de los cromosomas en los que está el ADN y se almacena en el nucléolo.

Dado que la síntesis de las proteínas se efectúa principalmente en el citoplasma, aquí debe de estar el ARN. Y aquí está. En realidad, en el citoplasma se encuentra la mayor parte del ARN celular, a pesar de que el ADN es aquí nulo. Ello significa que el ARN tiene que pasar del núcleo al citoplasma a medida que se forma. Durante estudios realizados con microscopio electrónico, se ha podido fotografiar material en el momento de salir del núcleo y ser recogido por el citoplasma, en forma de ampollas. Y estas llamadas «ampollas» contienen ARN.

Por consiguiente, el ARN recoge el código genético del ADN de los cromosomas y lleva el mensaje al citoplasma, donde supervisa la formación de proteínas. Antes, al describir la teoría gen/enzima, decía que parece que la única función de un gen determinado sea la formación de una enzima determinada. Así es, pero no hay que pensar que ello ocurre en una sola etapa. El gen determinado (ADN) forma un ARN determinado, el cual, a su vez, forma la enzima. Quiza debería llamarse la teoría ADN/ARN/cadena polipéptida.

Resulta más fácil percibir la razón de este sistema doble de ácidos nucleicos de la célula si lo comparamos con algo similar ocurrido en la tecnología humana. Hace aproximadamente un siglo y medio se implantó el sistema métrico decimal y, por primera vez, la Ciencia dispuso de un sistema de medidas realmente lógico.

Una de las unidades fundamentales del sistema métrico es el «metro», definido en un principio como la diezmillonésima parte de la distancia entre el Ecuador y el Polo Norte. Ahora bien, como resultó que no se conocía con exactitud esta distancia, se pasó a definir el metro como la distancia existente entre dos trazos marcados en una barra de platino-iridiado que se guardaba en una cámara acorazada con aire acondicionado, en un suburbio de París.*

* En el Museo de Piezas y Medidas.

La barra se llama «prototipo internacional de metro». Al adherirse al tratado que implantaba el sistema métrico a escala internacional, cada país recibía una copia del patrón llamada «prototipo nacional de metro». Cada nación, a su vez, utilizaba su prototipo nacional para normalizar los calibres que fabricaba para fines industriales, comerciales y tecnológicos.

Los prototipos nacionales se custodiaban cuidadosamente, ya que, si ocurría algún percance a los útiles de medida (o, lo que sería peor, a la maquinaria utilizada para fabricarlos), el error podía corregirse con el prototipo nacional. Y, si a éste le ocurría un percance, incluso este error podría corregirse recurriendo al prototipo internacional.*

Al parecer, el mecanismo de control del ácido nucleico es similar. El ADN es un «prototipo nuclear», equivalente al prototipo internacional del sistema métrico. Por lo tanto, se guarda a buen recaudo en el núcleo, apartado del borrascoso mundo del citoplasma. Las moléculas del ARN son los «prototipos citoplásmicos», de menor importancia, equivalentes al prototipo nacional o, incluso, a las varas métricas corrientes. Éstas pueden arriesgarse en la ardua tarea de la síntesis de las proteínas.

Hasta podemos hallar una razón plausible para explicar que el ADN lleve timina donde el ARN lleva uracilo. La diferencia entre estas dos pirimidinas es mínima y se reduce a un único grupo metílico. Además, este grupo metílico está situado de manera que no interfiera en la formación de enlaces de hidrógeno con adenina (véase figura 48). En el ADN, la adenina conecta con la timina y en el ARN, con el uracilo. No

* Al parecer, el prototipo internacional tampoco estaba a salvo de posibles percances, por lo que en 1960 se acordó a escala internacional establecer como base del sistema métrico la longitud de las ondas de luz producidas por un tipo específico de átomo del gas de criptón, al calentarse. Ahora, las mediciones se basan en un fenómeno natural inmutable (es de esperar).

parecen existir diferencias de consideración entre una y otra conexión. En realidad, cuando una molécula de ADN se reproduce, timinas conectan en las posiciones de la adenina; cuando la misma molécula de ADN produce ARN, en estas posiciones conectan uracilos. Al parecer, no existe dificultad en cambiar de unas a otros.

Puede ser (la suposición es mía) que el uracilo sirva simplemente para «identificar» al ARN. Después de todo, uno y otro ácido nucleico corren distinta suerte. El ADN permanece en los cromosomas constantemente mientras que el ARN sale, no ya de los cromosomas en los que se formó, sino del núcleo. Cualquiera que sea el mecanismo que permite salir del núcleo al ARN y mantiene en él al ADN tiene que poder distinguirlos y el factor de identificación no debe interferir con la ejecutoria del ácido nucleico. ¿Por qué no utilizar, pues, por lo menos como una parte de la operación de identificación, la carencia en el ARN de un insignificante grupo metílico que aparece periódicamente en el ADN?

EL LUGAR DE LA SÍNTESIS

Si el citoplasma es el lugar en el que el ARN sintetiza la proteína, vamos a examinarlo un momento. El citoplasma no es un fluido suave y homogéneo ni mucho menos; es un complejo sistema que contiene miles y miles de pequeños cuerpos de distintos tamaños, formas y funciones.

Los más conocidos de estos pequeños cuerpos o partículas se llaman *mitocondrias* (del griego «filamentos granulosos»). Las mitocondrias tienen forma alargada, su diámetro oscila entre media y una micra y su longitud puede ser de hasta siete micras (la micra es la millonésima parte del metro). En el citoplasma de una célula media puede haber hasta 2.000 mitocondrias regularmente distribuidas.

Hacia 1950 se desarrollaron sistemas para separar el núcleo de las células del citoplasma y, después, separar las distintas partículas que existen en su interior. Cuando se pudo estudiar las mitocondrias aisladas, se descubrió que son las «centrales» de la célula. Es decir, prácticamente todas las reacciones químicas que generan energía al descomponer carbohidratos o moléculas lípidas se producen en las mitocondrias, las cuales contienen todas las enzimas y coenzimas necesarias para este fin.

Durante los años 50 se trabajó más y más con microscopios electrónicos que aumentaban la imagen de las mitocondrias lo suficiente como para que los científicos pudieran apreciar que son estructuras bastante complejas. El interés por ellas creció de tal manera que las mitocondrias eclipsaron a otras partículas de la célula.

Hay partículas más pequeñas, por ejemplo, los llamados *microsomas* (del griego «cuerpos pequeños») cuyo tamaño es 1/10.000 del de la mitocondria. Durante un tiempo, no se les prestó atención. Incluso llegó a pensarse que no eran más que fragmentos de mitocondria, desprendidos durante la separación de las partículas.

No obstante, cierto factor rebatía esta suposición y, con el tiempo, generó cierto interés por los microsomas. Me refiero a la composición química.

Las mitocondrias contienen proteínas y ciertas sustancias grasas ricas en fósforo llamadas *fosfolípidos*. Estas dos sustancias componen casi todo el material de las mitocondrias. Hay en éstas muy poco ácido nucleico; sólo el 0,5 por ciento de su sustancia es ARN.

Dado que las mitocondrias se dedican a la producción de reacciones generadoras de energía para las que no se precisa ARN, no es de extrañar que éste escasee. No obstante, el citoplasma es rico en ARN. ¿Dónde está pues, si no se encuentra en las mitocondrias?

El ARN resultó hallarse en los microsomas que, según pudo averiguarse, son ricos en ácido nucleico. En vista de ello, no parecía lógico que fueran simples fragmentos de mitocondria, elemento pobre en esta sustancia. Los microsomas tenían que ser partículas independientes, con una función independiente. Si se tenía en cuenta su contenido en ARN, ¿no serían el escenario de la síntesis de proteína?

Los experimentos confirmaron la hipótesis. Unas células a las que se suministró aminoácidos radiactivos incorporaron éstos en las cadenas polipéptidas, de manera que la proteína que se formara después en el interior de la célula tenía que resultar radiactiva. Si la célula permanecía en contacto con los aminoácidos radiactivos durante poco tiempo y en seguida se medía su radiactividad, sólo las proteínas situadas en el mismo lugar de su formación tenían que haber podido captarla. En efecto, cuando se hizo la exploración, sólo se encontró radiactividad en la parte microsomal. Así pues, era evidente que las fábricas de proteína de la célula eran los microsomas.

El microscopio electrónico empezó entonces a enfocar los microsomas. En 1953, el bioquímico norteamericano de origen rumano George E. Palade encontró unas partículas minúsculas distribuidas profusamente en la red de membranas asociada con la parte microsomal. En 1956, Palade había aislado las partículas (cada una, 1/10.0000.000 del tamaño de una mitocondria y acaso no mucho mayor que un gen) y descubrió que contenían casi todo el ARN de la parte microsomal. En realidad, casi el 90 por ciento del ARN de algunas células se encuentra en estas numerosas partículas compuestas de ARN y proteína al 50 por ciento. Se les dio el nombre de *ribosomas*, y hacia 1960 suscitaban un vivo interés, hasta el extremo de desbancar a las mitocondrias.

EL ARN EN EL LUGAR DE LA SÍNTESIS

Hacia finales de la década de los 50 los bioquímicos estaban entusiasmados con la idea de haber hallado, en los ribosomas, la clave del importante problema de la síntesis de las proteínas. Se creía que cada gen producía ARN por reproducción según el modelo Watson-Crick y que este ARN, después de introducirse en el citoplasma, se congregaba para formar los ribosomas.

Ello significaba que cada una de las distintas enzimas de la célula tenía que estar producida por un ribosoma determinado, formado por un gen específico. No se creía que *cada* ribosoma controlara una enzima diferente; había demasiados ribosomas para eso. Se suponía que un número de ribosomas producía una enzima; otro grupo de ribosomas, otra enzima, y así sucesivamente.

La circunstancia de que una célula pueda producir enzimas a velocidades diferentes, según las condiciones hacía más plausible la suposición. ¿Quería esto decir que, normalmente, una célula utiliza sólo una parte de los ribosomas que tiene adjudicados, para producir una enzima determinada y que dispone de una reserva para casos de emergencia?

Por desgracia, se presentaron dificultades. A veces, una enzima se formaba a tan gran velocidad que era preciso suponer que entraban en acción un gran número de ribosomas; tantos, que parecía disparatado que semejante contingente de los ribosomas de una célula fueran asignados a una sola célula.

Pero, ¿cuál podía ser la alternativa? Supongamos que, en realidad, sólo unos cuantos ribosomas intervenían en la producción de la enzima. En tal caso, la rapidez con que se formaba ésta tenía que inducirnos a suponer que cada ribosoma podía multiplicar su capacidad, alcanzando una productividad realmente increíble.

Ninguna de las dos alternativas podía prosperar.

La infestación de una célula por virus planteó otro problema. Una célula infestada sigue produciendo proteína a la misma velocidad que una célula normal, pero la proteína sufre una alteración. La penetración del virus pone fin a la formación de la proteína de la célula e inicia la fabricación de proteína vírica. Según la teoría de los ribosomas, ello significaría que cuando un virus entra en una célula sustituye los ribosomas de ésta por los suyos. Pero, si consideramos lo pequeño que es un virus, vemos que ello resulta imposible. Un virus sólo puede contener unos cuantos ribosomas; ¿cómo iban éstos a suplantar a los miles y miles que existen en la célula?

Finalmente, se suscitó la cuestión del *ARN ribosomal* (las moléculas de ARN que componen los ribosomas). La peculiar composición de éste contribuyó a restar fuerza a la idea.

Y es que las moléculas de ADN varían considerablemente de una especie a otra. Hay especies que tienen moléculas de ADN ricas en adenina pero pobres en guanina, en una proporción de hasta 3 a 1; otras, tienen moléculas de ADN pobres en adenina y ricas en guanina en proporción de 1 a 3.

Si el ARN ribosomal está formado por el ARN de los cromosomas forzosamente habrá de reflejar estas diferencias en los índices de su composición básica —es decir, si el modelo de reproducción de Watson-Crick es correcto—. Pero el ARN ribosomal *no* refleja esta variación de la proporción entre una especie y otra. En el ARN ribosomal los cuatro nucleótidos están distribuidos de forma bastante regular y así se advirtió en todas las especies de organismos estudiados.

¿Era falso el modelo Watson-Crick? ¿Sería correcta al fin y al cabo la teoría de la estructura tetranucleótida? Los bioquímicos se resistían a admitirlo. Siguieron buscando la solución y, hasta 1960, la encontraron. Al parecer, durante tres o cuatro años habían seguido un camino equivocado.

Los ribosomas son el terreno en el que se fabrica la proteína, sí; pero el elemento que realiza esta fabricación no es el ARN ribosomal. Éste no porta el código genético sino que es, simplemente, el soporte medular de los ribosomas, algo así como un «formulario en blanco» en el que puede suscribirse cualquier dato.

Entonces tiene que haber otra variedad de ARN, una variedad formada por la reproducción según el modelo Watson-Crick y que sea portadora del código genético, una variedad que se desplace del gen al ribosoma llevando el «mensaje» del primero.

Esta segunda variedad de ARN se llama, muy apropiadamente, *ARN mensajero.* (También se llama *ARN plantilla,* ya que la «plantilla» es el modelo o patrón que se utiliza para la producción de una determinada forma.)

CONFECCIÓN DE LA CLAVE

En 1960 se habían reunido ya pruebas concluyentes de la existencia del ARN mensajero. En el Instituto Pasteur de París se aislaron muestras de ARN que presentaban una distribución de purinas y pirimidinas similar a la del ADN.

Esta distribución a lo ADN se observó cuando se consiguió enlazar al ARN con filamentos de ADN de las bacterias utilizadas como fuentes del ARN pero no con filamentos de ADN de bacterias de otras especies. La unión por enlaces de hidrógeno entre un filamento de ADN y un filamento de ARN (un «ácido nucleico híbrido») sólo es posible si ambos filamentos son complementarios. Es de suponer que el filamento de ARN estudiado era complementario de un filamento de ADN de una bacteria de su propia especie por estar formado por reproducción de aquel mismo filamento de ADN.

La formación de ARN mensajero a partir de ADN tiene que hacerse a gran velocidad, ya que si la célula es tocada por átomos radiactivos, éstos inmediatamente aparecen en el ARN mensajero. Poco después, los átomos radiactivos aparecen diseminados por la célula. De ello se deduce que el ARN mensajero, una vez formado, se descompone rápidamente en nucleótidos unitarios que asumen distintas funciones en la célula.

El ARN mensajero fue descubierto en las bacterias. Y es que un gran número de los descubrimientos contemporáneos de la «Biología Molecular» como se llama esta rama, se deben a experimentos realizados en microorganismos. De todos modos, los científicos opinan que, probablemente, tales hallazgos también pueden aplicarse a otras criaturas. Por ejemplo, en 1962 se aisló por primera vez ARN mensajero de células de mamífero. Alfred E. Mirsky y Vincent G. Allfrey, del Instituto Rockefeller, lo obtuvieron de la glándula timo de la ternera y en cantidades mucho mayores que las que proporcionan las bacterias.

He aquí la situación actual:

1. El ADN de un gen determinado fabrica una molécula de ARN mensajero mediante reproducción Watson-Crick. El ARN mensajero posee un complemento del orden de los nucleótidos del ADN (salvo que hay uracilo en todos los lugares en los que en el ADN hay timina). El ARN mensajero, compuesto quizá por hasta 1.500 nucleótidos, porta así el código genético del gen que lo ha creado.

2. La molécula de ADN mensajero penetra en el citoplasma y se engancha a un ribosoma libre. El «formulario en blanco» del ARN ribosomal, rellenado ahora con el mensaje del

ARN mensajero, ya está preparado para producir una proteína específica. (A mí me parece que, al engancharse, el ARN mensajero tiene que dejar a sus purinas y pirimidinas en libertad de formar enlaces de hidrógeno durante el proceso de fabricación de la proteína, proceso que se describe en el capítulo siguiente. Yo creo, por lo tanto, que el ARN mensajero puede unirse al ARN ribosomal por su parte posterior; es decir, formando enlaces de hidrógeno con el grupo hidroxilo de las unidades de ribosa situadas en la cadena de ARN ribosomal. Quizá por ello el ARN tiene ribosa en lugar de desoxirribosa. La desoxirribosa y, por lo tanto, el ADN carecen de ese hidroxilo libre a que nos referíamos en el capítulo VII y quizás el ARN fue «inventado» sólo en función de este hidroxilo extra. Sólo así, es de suponer, puede actuar de mensajero.)

3. Después de haberse formado unas cuantas moléculas de proteína (o quizás, incluso, después de haberse formado una sola molécula), el ARN mensajero se descompone dejando al ribosoma una vez más en blanco, preparado para configurar la clave de otra proteína que puede ser igual a la anterior o diferente.

Todo el proceso dura de dos a tres minutos a lo sumo, lo cual resulta sorprendente si se considera que, durante el mismo, hay que colocar con precisión a cientos de nucleótidos para formar el ARN mensajero y, después, a muchos cientos de aminoácidos, para formar la proteína. Por otra parte, tal vez les resulte asombrosa la idea de que hagan falta varios minutos para formar una sola molécula de proteína cuando a cada momento se necesitan tantas. Pero pueden consolarse pensando que existen millones de ribosomas en cada célula y que, entre todos, producen millones de moléculas de proteína en esos minutos.

El factor del ARN mensajero elimina las dificultades que acosaban a los bioquímicos cuando estudiaban los ribosomas aisladamente.

En primer lugar, ya no es necesario creer que cada célula tenga ribosomas especiales para cada molécula de proteína diferente que tenga que sintetizar. Como hemos visto, los ribosomas pueden considerarse como simples formularios en blanco en los que cualquier molécula de ADN puede inscribir momentáneamente su fórmula. Por lo tanto, aquí no importa la estructura purina/pirimidina del ARN ribosomal.

Por otra parte, esto significa que la velocidad de la síntesis de las enzimas puede variar en cada caso, según la velocidad a que se formen las diferentes moléculas de ARN mensajero, éstas se apropiarán del número correspondiente de «formularios» de ribosomas y fabricarán enzimas a gran velocidad. Cuando la necesidad haya pasado, el ARN mensajero se disolverá rápidamente, dejando los formularios otra vez en blanco, preparados para otra operación.

Estos hallazgos han contribuido también a aclarar un poco el misterio de la infección por virus y la síntesis de las proteínas. El virus no tiene que producir sus propios ribosomas, sino que se sirve de los ribosomas de las bacterias. (Los experimentos realizados en 1960 con átomos radiactivos demostraron claramente que después de una infección vírica *no* se formaban nuevos ribosomas.) Lo que hace el virus es, de algún modo, suspender la formación de ARN mensajero por el ADN bacteriano. El ARN mensajero ya formado por las bacterias se descompone con su habitual rapidez, liberando así a los ribosomas que pueden ser ocupados por el ARN mensajero fabricado por el virus.

La síntesis de proteína se efectúa a la misma velocidad antes y después de la infección, dado que todos los ribosomas están en activo; sólo que ahora están ocupados por ARN mensajero vírico en lugar de ARN mensajero bacteriano.

Desde luego, todo ello deja aún muchos problemas que han de mantener ocupados a los bioquímicos. ¿Cómo «sabe» una determinada molécula de ADN cuándo debe producir una gran cantidad de ARN mensajero y cuándo ha de fabricar sólo un poco? Al parecer, el ADN debe recibir información sobre el estado de su célula en todo momento.

Si una célula está escasa de un componente que necesita, las moléculas de ADN que rigen las enzimas precisas para la formación de ese ingrediente son estimuladas de algún modo para producir mayor cantidad de su ARN mensajero. En consecuencia, se producen más enzimas y mayor cantidad del ingrediente necesario. Si, por el contrario, una célula tiene excedente de alguno de los componentes, la actividad de las moléculas de ADN correspondiente se detiene.

Éste es un sorprendente ejemplo de *feedback*, es decir, reenvío de los efectos de un proceso a una fase precedente para ser modificados o reforzados. Evidentemente, la célula es un extenso y complicado sistema que comporta multitud de variantes del *feedback*. No será tarea fácil dilucidar los detalles de la acción recíproca entre ADN, ARN, enzimas y productos de la catalización por enzimas. De todos modos, los bioquímicos atacan el problema con un afán que yo calificaría de voraz, y existe la esperanza de que, poco a poco, las dificultades vayan cediendo ante la acometida.

Capítulo XI

DESCIFRANDO EL CÓDIGO

LOS TRÍOS

Hasta aquí he eludido formular la pregunta clave en este asunto de la síntesis de proteínas, a saber: ¿Cómo se pasa del ácido nucleico a la proteína? En realidad a estas alturas, la pregunta puede reducirse a estos términos: ¿Cómo se pasa de un determinado ARN mensajero a una determinada cadena polipéptida?

A primera vista, el formidable obstáculo a que antes nos referíamos parece oscurecer también la solución de este problema. La molécula de ácido nucleico es una «frase» compuesta por cuatro «palabras» diferentes, los nucleótidos. La molécula de proteína es otra «frase» compuesta por veintidós «palabras», los aminoácidos. ¿Cómo es posible que la información suministrada por cuatro elementos baste para explicar lo que han de hacer veintidós?

En realidad, esta dificultad que en un principio preocupó a muchos, no es tal dificultad. El que nos la planteemos siquiera se debe a que estamos acostumbrados a los códigos en los que cada letra representa a otra letra como en los criptogramas que publican algunos periódicos. Por ejemplo, en un criptograma que representara una palabra con las letras inmediatamente siguientes a las suyas, la palabra PROTEÍNA se escribiría QSPUFJOB.

Y, no obstante, los códigos más usuales no se rigen por este principio. Por ejemplo, el idioma inglés consta de 26 letras, que son suficientes para formar las más de 450.000 palabras que figuran en el Tercer Nuevo Diccionario Internacional Webster (íntegro). Los diez símbolos utilizados para construir los números (nueve dígitos y el cero) bastan para formar una infinidad de combinaciones. Es más, bastarían dos símbolos, 1 y 0, para el mismo fin y así ocurre en las computadoras.

Para que ello sea posible, basta únicamente convenir en utilizar los símbolos, ya sean éstos las letras del alfabeto o las cifras, en grupos.

Sólo hay 26 letras, sí, pero existen 26 × 26 ó 676 combinaciones de dos letras, 26 × 26 × 26 ó 17.576 combinaciones de tres letras y así sucesivamente. Del mismo modo, sólo podemos formar nueve números de una cifra; pero de dos hay ya 90, de tres, 900, etc.

Por lo tanto, al pasar de los nucleótidos a los aminoácidos, debemos descartar la noción de que la relación se establezca entre unidades y tomar los nucleótidos en grupos. En el ARN mensajero (o en el ADN del gen) hay sólo 4 nucleótidos diferentes; pero existen 4 × 4 = 16 combinaciones dinucleótidas («parejas») y 4 × 4 × 4 = 64 combinaciones trinucleótidas («tríos»). Todas ellas se indican en la figura 51, en la que los cuatro nucleótidos se representan por su inicial: ácido uridílico, U; ácido citidílico, C; ácido adenílico, A y ácido guanílico, G.

Ello plantea inmediatamente un nuevo problema. Hay pocos dinucleótidos para los 22 aminoácidos y sobran trinucleótidos. No podemos operar con déficit, de manera que no hay más remedio que pasar, por lo menos, a los tríos.

Ahora bien, no parece lógico que podamos utilizar unos cuantos dinucleótidos y unos cuantos trinucleótidos, los suficientes para llegar a veintidós (o al número de aminoácidos

A	G	C	U

4 nucleótidos

AA	AC	GA	GC	CA	CC	UA	UC
AG	AU	GG	GU	CG	CU	UG	UU

16 dinucleótidos (gemelos)

AAA	ACA	GAA	GCA	CAA	CCA	UAA	UCA
AAG	ACG	GAG	GCG	CAG	CCG	UAG	UCG
AAC	ACC	GAC	GCC	CAC	CCC	UAC	UCC
AAU	ACU	GAU	GCU	CAU	CCU	UAU	UCU
AGA	AUA	GGA	GUA	CGA	CUA	UGA	UUA
AGG	AUG	GGG	GUG	CGG	CUG	UGG	UUG
AGC	AUC	GGC	GUC	CGC	CUC	UGC	UUC
AGU	AUU	GGU	GUU	CGU	CUU	UGU	UUU

64 trinucleótidos («tripletes»)

Figura 51. Combinaciones de nucleótidos

que no propongamos). La dificultad es que nadie ha podido hallar la forma para hacer que la proteína «diga» que una combinación, por ejemplo, AC, corresponde a «pareja» y cuando forma parte de un trío digamos ACG.

Si vamos más allá de la fase del trío y pasamos al cuarteto, la situación empeora, ya que existen 4 × 4 × 4 × 4= 256 combinaciones diferentes de cuatro nucleótidos. Por lo tanto, será mejor seguir, si se puede con los tríos.

De todos modos, se ha procurado reducir el número de posibles tríos, para evitar el despilfarro que supondría asignar 64 tríos a 22 aminoácidos. Supongamos, por ejemplo, que la cadena nucleótida pudiera leerse como una serie de tríos superpuestos, como indica la figura 52. Estos tríos superpuestos (que generalmente siguen un patrón más complicado) podrían ser designados de manera que el número de trinucleótidos posibles quedara reducido a una veintena.

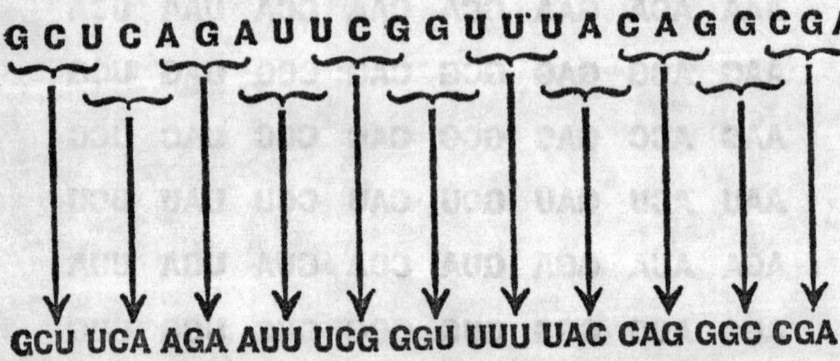

Figura 52. Código superpuesto

Sin embargo, en el código de elementos superpuestos de la figura 52 se aprecia que uno de cada dos nucleótidos forma parte de dos tríos. El primer U, por ejemplo, es el último elemento de GCU, pero es también el primero de UCA. Luego, hay una adenina que es el último elemento de UCA y el primero de AGA.

Ello supone una grave limitación. En un código de elementos superpuestos como el de la figura 52 el trío GCU tiene que ir seguido de un trío que empiece por U, como UCA. No puede ir seguido de AGA, por ejemplo. Ahora bien, si GCU corresponde al aminoácido 1 y AGA al aminoácido 2, ello significa que, si el código de elementos superpuestos es correcto, el aminoácido 2 nunca puede seguir al aminoácido 1.

Esta limitación afecta a todo código de superposición. Este tipo de código, cualquiera que sea su disposición, forzosamente ha de limitar las combinaciones de los aminoácidos; en él siempre habrán secuencias «prohibidas».

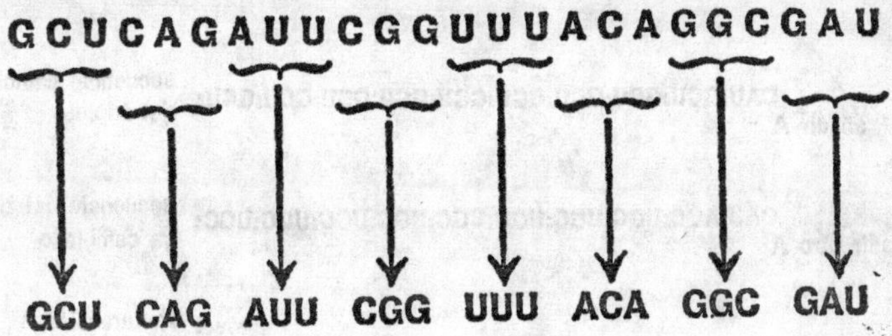

Figura 53. Código no superpuesto

Sin embargo, lo que ya sabemos acerca de las secuencias de los aminoácidos en las proteínas (véase p. 101-102) nos indica que no hay en ellas combinaciones prohibidas. Es posible cualquier combinación de dos aminoácidos, de tres, etc.

Por consiguiente, los elementos del código no deben superponerse, es decir, tienen que presentarse en estricta yuxtaposición, como se indica en la figura 53. Aquí los tríos pueden presentarse en cualquier secuencia, al igual que los aminoácidos.

Como suele ocurrir, por muy convincente que sea un razonamiento teórico, siempre es preferible respaldarlo con la práctica. En 1961, el propio Crick y sus colaboradores aportaron las pruebas necesarias. Utilizaron una molécula de ácido nucleico codificada para provocar la síntesis de una proteína determinada y luego le agregaron un nucleótido. Tal proteína no pudo seguir sintetizándose. Le añadieron un segundo nucleótido. Nada. Se le añadió un tercer nucleótido y, finalmente, se restableció la función de la molécula. Esto puede interpretarse como se indica en la figura 54, que apoya firmemente la teoría de los tríos yuxtapuestos.

	CUG:CUG:CUG:CUG:CUG:CUG:CUG:CUG:CUG:CUG:	secuencia del triplete original
añadir A	CAU:GCU:GCU:GCU:GCU:GCU:GCU:GCU:GCU:GCU:	secuencia cambiada del triplete
añadir otro A	CAU:AGC:UGC:UGC:UGC:UGC:UGC:UGC:UGC:UGC:	secuencia del triplete ya cambiado
añadir un tercer A	ACA:UAG:CUG:CUG:CUG:CUG:CUG:CUG:CUG:CUG:	restaraución de la secuencia del triplete original

Figura 54. Reconstrucción del triplete

De todos modos, ello nos deja todavía con 64 tríos para 22 aminoácidos. Nos quedan dos salidas. Quizá 32 tríos sean «formularios en blanco» y, por lo tanto, puedan ser pasados por alto en la codificación general. O quizá dos o incluso tres tríos diferentes correspondan a un mismo aminoácido. Como veremos, los experimentos realizados apoyan inequívocamente la segunda alternativa.

De un código en el que dos o más combinaciones de símbolos corresponden a una misma cosa se dice que es «degenerado». Por lo tanto, el código genético pertenece a esta clase.

En resumen:

1. El código genético consiste en combinaciones trinucleótidas o tríos que discurren a todo lo largo de la cadena polinucleótida cada uno de los cuales representa un aminoácido específico.

2. El código genético no tiene elementos superpuestos.

3. El código genético es degenerado.

Además, los bioquímicos tienen la casi certeza de que:

4. El código genético es universal; es decir, el mismo código rige para todos los organismos desde el pino sequoia más alto hasta el más pequeño de los virus.

La más clara prueba de este último extremo es que existen numerosos virus que pueden infestar unas células determinadas, utilizando cada uno su propio ARN mensajero para producir proteínas partiendo de los ribosomas, enzimas y demás equipo químico de las células. Al parecer, la célula «entiende» el lenguaje de los distintos virus. Y en las pruebas realizadas en el laboratorio, aun mezclando el ARN mensajero de una especie con el equipo celular de otra, se ha «entendido» su lenguaje y se han formado proteínas.

UTILIZACIÓN DEL ARN MENSAJERO

Ahora podemos imaginar al ARN mensajero cubriendo un ribosoma y dirigiendo la síntesis de una cadena polipéptida determinada a través de una secuencia de tríos. Pero, ¿cómo se hace eso? Está muy bien decir que un trío determinado «corresponde» a tal aminoácido; pero, ¿qué induce a los aminoácidos a alinearse por el orden de los tríos?

A finales de la década de los 50 empezó a perfilarse la respuesta, gracias, principalmente, al trabajo del bioquímico norteamericano Mahlon B. Hoagland. En 1955, Hoagland descubrió que, antes de incorporarse a la cadena polipéptida, los aminoácidos se agregan a un ácido adenílico. Esta combinación es especialmente rica en energía y su resultado puede considerarse como un «aminoácido activado».

Hoagland descubrió después la presencia en las células de fragmentos de ARN relativamente pequeños, tan pequeños que podían disolverse libremente en el fluido de la célula. En consecuencia, los llamó *ARN soluble,* aunque, por razones que explicaré en breve son más conocidos por el nombre de *ARN de transferencia.*

Resulta que existen numerosas variedades de ARN de transferencia y que cada una de ellas se adhiere a la parte de ácido adenílico de algún aminoácido activado. Lo que es más, cada una se adhiere a un aminoácido activado determinado y no a otro. Lo que después ocurre parece evidente.

Supongamos que una variedad determinada de ARN de transferencia se adhiere a la histidina activada y sólo a ella. El ARN de transferencia transfiere (de ahí su nombre) la histidina activada al ARN mensajero, pero no a un punto cualquiera de éste sino sólo a un punto determinado.

Al parecer, el ARN transferente tiene un punto de enganche que consiste en un trío determinado, trío que sólo se enganchará en el punto del ARN mensajero en la que se encuentre el trío complementario. En otras palabras, si el ARN de transferencia de la histidina tiene un punto de enganche AUG sólo se unirá a un trío UAC del ARN mensajero. De este modo, el trío UAC del ARN mensajero queda unido a una histidina —y sólo a una histidina— a través del ARN transferente. Dondequiera que en el ARN mensajero exista UAC habrá una histidina y así es cómo puede decirse que en el código genético la histidina «corresponde» al UAC.

Ello fue confirmado por un experimento realizado en 1962. Se utilizó una molécula de ARN de transferencia que normalmente se adhiere al aminoácido cisteína. La técnica empleada consistió en cambiar la cisteína por el aminoácido similar alanina, *después* de que se combinara con el ARN de transferencia. A pesar de ello, el ARN de transferencia con la alanina adherida la llevó al punto en el que generalmente se encuentra la cisteína. Esto demostró que la unión entre el ARN de transferencia y el ARN mensajero no dependía del aminoácido, que había sido sustituido, sino sólo de las purinas y pirimidinas de las dos variedades de ácido nucleico, que no se habían cambiado.

Cuando todos los ARN de transferencia están colocados en la cadena polinucleótida del ARN mensajero, los aminoácidos cuelgan hacia abajo, muy próximos y situados por un orden dictado por la secuencia de los tríos del ARN mensajero (obtenido, a su vez, del ADN y el gen). Una vez los aminoácidos están situados cerca y ordenados, los distintos procesos enzimáticos pueden provocar sin dificultad una reacción que los combine formando una cadena polinucleótida determinada.

En 1961, Howard M. Dintzis, del Instituto de Tecnología de Massachusetts, trabajando con aminoácidos marcados con átomos radiactivos, desarrolló unos experimentos en los que consiguió detectar la aparición de radiactividad en proteínas y demostró que los ARN de transferencia enganchaban sus aminoácidos a la cadena del ARN mensajero desde un extremo al otro; por orden, como un hilo de cuentas.

Esto excluía toda posibilidad de confusión. Supongamos que tenemos la secuencia AUUUCGCUAG. Los distintos tríos a que puede dar lugar (si pudiéramos empezar por cualquier punto) serían: AUU, UUC, UCG, CGC, GCU, CUA, y UAG. ¿Cuál de estos siete tríos utilizarían los ARN de transferencia si pudieran agarrarse a cualquier punto? Si un ARN de transferencia apunta a UUC y otro, a UCG, en el caso de que ambos tríos estén en parte superpuestos, el resultado será la anarquía.

Por el contrario, un ARN de transferencia se une a AUU. A continuación, otro se une a CGC. Después, un tercero se une a UAG y los cuatro tríos posibles restantes, simplemente no se usan. Dintzis demostró también que todos los aminoácidos de una molécula de hemoglobina pueden situarse y unirse entre sí en cuestión de 90 segundos.

El proceso completo se ha reproducido en el laboratorio utilizando fragmentos de células en lugar de células intactas. En 1961, en el Centro Médico de la Universidad de Nueva York, Jerard Hurwitz construyó un sistema que contenía ADN, nucleótidos y las enzimas correspondientes y consiguió fabricar ARN mensajero en probeta.

Aquel mismo año, G. David Novelli, de los Laboratorios Nacionales de Oak Ridge, empleó no sólo ADN y nucleótidos sino también ribosomas y aminoácidos. Con ello, además de fabricar ARN mensajero, consiguió que éste recubriera los ribosomas y actuara de modelo para la formación de una enzima especial llamada *betagalactosidasa.*

DICCIONARIO DE LOS TRÍOS

Aún queda por resolver la cuestión de la clave del código propiamente dicha: ¿Qué trío corresponde a cada aminoácido?

El primer gran paso en esta dirección se dio en 1961, fruto del que fue sin duda el logro más importante realizado desde que ocho años antes, se propusiera el modelo Watson-Crick. Este avance fue resultado de un experimento efectuado por Marshall W. Nirenberg y J. Heinrich Matthaei en los Institutos Nacionales de la Salud.

Ambos comprendían que, para descubrir la clave, era necesario empezar por plantearse la situación más simple: la de un ácido nucleico compuesto por una cadena de una sola variedad de nucleótido. Ochoa había demostrado ya cómo podía fabricarse esta cadena, con ayuda de la enzima adecuada, a fin de producir y utilizar con facilidad ácido poliuridílico, por ejemplo.

Por consiguiente, Nirenberg y Matthaei agregaron ácido poliuridílico a un sistema que contenía los diferentes aminoácidos, enzimas, ribosomas y demás componentes necesarios para la síntesis de las proteínas. De esta mezcla salió una proteína tan simple como el ARN que tenían al principio. Si el ácido nucleico era todo ácido uridílico, la proteína era todo fenilalanina.

Esto era importante. El ácido uridílico podía representarse así: UUUUUUUUUU... Naturalmente, el único trío que puede existir en esta cadena es UUU. El único aminoácido empleado en la fabricación de la cadena polipéptida fue la fenilalanina, aunque en el sistema estaban presentes y disponibles todos los distintos aminoácidos.

La conclusión que puede sacarse de ello es la de que el trío UUU es equivalente al aminoácido fenilalanina.

Se había dado el primer paso hacia el desciframiento del código genético. La primera entrada del «diccionario de los tríos» fue: «UUU = fenilalanina».

Inmediatamente empezó a prepararse el paso siguiente. Siguiendo la pauta marcada, entraron en actividad varios grupos de investigación. Supongamos que un polinucleótido es fabricado enzimáticamente a partir de una solución de ácido uridílico a la que se ha agregado una pequeña cantidad de ácido adenílico. La cadena consistirá casi enteramente de U, con alguna que otra A intercalada, por ejemplo: UUUUUUUUU-AUUUUUUUUUAUUUUUUAUUU...

Tal cadena estaría formada por los tríos siguientes: UUU, UUU, UUU, AUU, UUU, UUU, UAU, UUU, UUA, UUU... Los tríos siguen siendo principalmente UUU, pero de vez en cuando aparece un AUU, UAU o UUA (que son los únicos que pueden formarse con dos U y una A).

Por supuesto, la proteína formada por este ácido poliuridílico «impuro» resultó ser en su mayor parte fenilalanina, aunque con ocasionales «intrusiones» de otros aminoácidos. Se han detectado tres de estos «intrusos»: leucina, isoleucina y tirosina. Al parecer, uno de los tres tríos AUU, UAU y UUA corresponde a la leucina, el otro a la isoleucina y el otro a la tirosina. Aunque, hasta estos momentos, aún no ha podido averiguarse el orden de relación exacto.

Todo lo más que podemos hacer es poner UUA entre paréntesis (UUA) para indicar los tres tríos diferentes que pueden formarse con dos U y una A, sin intentar especificar el orden. Así, nuestro diccionario diría: «(UUA) = leucina, isoleucina o tirosina».

Si a la solución primitiva de ácido uridílico, se agrega un poco de ácido citidílico o guanílico en lugar de ácido adenílico, se forman polinucleótidos que contiene tríos que son (UUC) y (UUG). También aquí los paréntesis indican que no se especifica el orden exacto de los tres nucleótidos.

En estos dos últimos casos, aún puede detectarse leucina en la proteína producida que sigue siendo en su mayor parte fenilalanina. Esto sólo puede significar que (UUA), (UUG) y (UUC) pueden todos traducirse por leucina, ejemplo de lo que llamamos «degeneración» del código.

Si a la solución de ácido uridílico, ya «impura», se agrega otra pequeña cantidad de ácido adenílico, para que el polinucleótido final contenga unas cuantas aes más entre la profusión de úes, seguirá siendo poco probable que dos aes estén juntas.

Si, por casualidad, ocurre así, el polinucleótido puede con-

UUU	Fenilalanina
(UUG)	Cisteína Valina Leucina
(UUA)	Isoleucina Leucina Tirosina
(UUC)	Leucina Serina
(UAA)	Asparagina Lisina
(UGG)	Glicina Triptófano
(UCC)	Treonina Prolina
(UCG)	Alanina Arginina Glutamina
(UAG)	Ácido aspártico Ácido glutámico Metionina
(UAC)	Asparagina Histidina Treonina

Figura 55. El diccionario del triplete

tener tríos tales como: AAU, AUA ó UAA. Éstas son las únicas tres posibilidades que permiten dos aes y una U y podemos simbolizarlas con (UAA).

A medida que aumenta la cantidad de ácido adenílico, aumenta también el número de tríos (UUA), desde luego, pero los tríos (UAA) aumentarán a mayor velocidad. Al principio, los tríos (UUA) sólo se darán en la cantidad suficiente para permitir que sus aminoácidos sean detectados. Pero, a medida que aumenten los tríos (UAA) empezarán a aparecer nuevos aminoácidos, los cuales deberán atribuirse específicamente a uno u otro de los tres tríos de (UAA). Se produce una situación similar si se agrega una cantidad cada vez mayor de ácido citidílico o ácido guanílico.

Entonces podrán encontrarse aminoácidos correspondientes a los tríos (UGG) y (UCC).

¿Qué ocurriría si se agregaran simultáneamente y en cantidad progresivamente mayor ácido adenílico y ácido guanílico?

En un principio, sólo (UUA) y (UUG) están presentes en cantidad suficiente para que puedan detectarse sus aminoácidos. Pero luego empieza a aumentar la frecuencia de los distintos tríos representados por (UAG) —de los que no hay menos de seis— y pueden aparecer y serles atribuidos nuevos aminoácidos.

En el momento en que escribo, las relaciones descubiertas entre tríos y aminoácidos son las relaciones que indico en la figura 55.

Los tríos representados en la figura 55 son sólo 37 de los 64 posibles.

Los restantes 27 son los que no contienen U; por ejemplo: AGG, CCA, AAA, etcétera.

Los bioquímicos confían en que, a no tardar, a cada trío (con su orden y contenido definidos) podrá atribuirse su correspondiente aminoácido, el diccionario de los tríos estará completo y el código genético habrá sido descifrado. Por ejemplo, hacia finales de 1962 Ochoa había obtenido ya ciertas pruebas de que el trío de la tirosina es AUU, por este orden y el de la cisteína, GUU, por este orden.

Capítulo XII

EL FUTURO

INGENIERÍA SUBCELULAR

Intentar mirar la bola de cristal es acaso la más arriesgada de las ocupaciones. Desgraciadamente, es también una de las más subyugantes. Cuando se tiene la oportunidad de profetizar, sólo los más fuertes y equilibrados pueden resistir la tentación. En este aspecto, yo no soy muy fuerte, por lo que, cruzando los dedos, voy a tratar de indagar en el futuro.

En estos momentos estamos en el umbral de lo que promete ser la era más fecunda en las ciencias de la vida. Problemas que hace veinte años parecían insolubles están resueltos; avances que sólo en sueños parecían factibles son una realidad. Y la investigación sigue adelante con un ímpetu cada vez mayor.

Los bioquímicos, utilizando fragmentos de células, han conseguido fabricar determinadas proteínas. Nada impide creer que otro tanto pueda hacerse para obtener cualquier proteína. Esta facultad —una facultad que *ahora* ya poseemos— es esencialmente una declaración de independencia de las formas de la vida.

Tomemos la molécula de insulina. Ésta es una sustancia necesaria para el control de la enfermedad de la *diabetes mellitus*. Millones de diabéticos dependen de la insulina para poder desarrollar una vida normal. En la actualidad, se obtiene del páncreas del ganado. El número de animales sacrificados para alimentación es suficiente para abastecer al mundo de toda la insulina que necesita.

Ahora bien, supongamos que el aumento de la población obliga a las futuras generaciones a alimentarse en mayor proporción con productos vegetales. Ello supondría una disminución de las disponibilidades de insulina.

Pero, ¿y si obtuviéramos un suministro de células productoras de insulina de páncreas de buey, aisláramos el ADN y los ribosomas correspondientes y reuniéramos el resto del equipo necesario? Entonces podríamos montar una «fábrica química» en la que por un lado entrasen los aminoácidos y por el otro saliera la insulina, sin necesidad de disponer de animales vivos, ni siquiera de páncreas completos.

Por supuesto, no podríamos prescindir enteramente del buey. El primer suministro de ADN y ribosomas procederían de un páncreas vivo; pero, en lugar de contar sólo con la cantidad de insulina existente en las células en el momento del sacrificio, podríamos mantener el equipo subcelular funcionando indefinidamente y la cantidad de insulina obtenida por páncreas aumentaría de modo considerable. Las necesidades de buey serían mucho menores.

Tal vez incluso fuera posible hacer que el ADN se reprodujera por sí mismo. Y tal vez llegara el día en que sólo hubiera que recurrir al páncreas una vez y el sistema, debidamente atendido, se perpetuara por sí mismo.

Y quizás ese día haya empezado a amanecer, pues en agosto de 1962, George W. Cochran, de la Universidad del Estado de Utah anunció que había conseguido fabricar una molécula de ácido nucleico de los nucleótidos, utilizando para ello fragmentos subcelulares, sin células intactas. El ácido nucleico producido era un buen espécimen biológico, pues era ácido nucleico del virus del mosaico del tabaco y Cochran produjo moléculas infectadas.

Pero la insulina no tiene por qué ser la única proteína que se produzca así. Existen muchas reacciones químicas de importancia industrial que son provocadas por medios enzimáticos. Generalmente, ello se hace aprovechando la facultad de fermento y síntesis de bacterias, mohos y otros microorganismos. Ahora bien, cada microorganismo está ocupado en mil reacciones, las cuales sirven a sus propios fines, que le distraen de la reacción concreta que a nosotros nos interesa.

Si pudiéramos formar sistemas compuestos de ácido nucleico y enzimas que realizaran el trabajo específico necesario para esa reacción, dispondríamos de algo así como un microorganismo superespecializado sin necesidades propias, un abnegado esclavo molecular que trabajaría para nosotros infatigablemente. Entonces podría crearse una nueva rama del conocimiento, la «ingeniería subcelular», cuya tarea sería la preparación y control de tales sistemas.

Tal vez incluso aprendiéramos a crear nuevas especialidades. Los ácidos nucleicos de que disponemos pueden alterarse cuidadosamente mediante calor, radiación o química, y los ácidos nucleicos modificados producirán proteínas modificadas. Desde luego, la gran mayoría de estas proteínas resultarán inútiles; pero es posible que, de vez en cuando, se obtenga una proteína alterada útil (una «neoproteína»). La neoproteína puede desempeñar su antigua función con mayor eficacia o dedicarse a una función totalmente nueva.

Si existen especialistas que se dedican con esmero a la cría de plantas y animales en una búsqueda constante de especies nuevas y mejoradas, algún día puede haber especialistas en ingeniería subcelular cuyo objetivo sea la búsqueda de nuevas variedades de neoproteínas.

Y quizá, con el tiempo, la producción de neoproteínas ya no dependa del azar. Si estudiamos suficientemente la estructura de las proteínas, tal vez incluso podamos deducir qué estructura de proteína específica se necesita para alcanzar un fin determinado que no pueden realizar las proteínas existentes en la Naturaleza. Nuestros conocimientos del código genético nos permitirían saber con exactitud qué ácido nucleico se necesita para construir tal proteína. Entonces, si conseguimos producir la síntesis de cierta cantidad de este ácido nucleico, por pequeña que sea, estaremos «lanzados» y podremos fabricar la nueva proteína en grandes cantidades.

En ciertos aspectos, la situación actual es análoga a la de 1820. Aquel año podía predecirse que los químicos aprenderían a fabricar compuestos orgánicos; que fabricarían miles y miles de compuestos sintéticos y que incluso fabricarían compuestos cuya aplicación se conocería de antemano. Aquel año hubiera podido pronosticarse que, antes de un siglo y medio, serían de uso generalizado tintes, fibras, plásticos y productos farmacéuticos sintéticos muy superiores, en sus aplicaciones epecíficas, a los productos naturales. Pero tales predicciones hubieran sido calificadas de fantásticas.

Ahora podemos hacer un vaticinio similar, aunque en el campo más sofisticado, asombroso e intrincado de la Química Proteínica. ¿También resulta fantástico?

EL OBJETIVO FINAL

La perspectiva del futuro no abarca únicamente a nuevas industrias químicas. El conocimiento engendra nuevo conocimiento y la promesa de las investigaciones actuales en la Biología Molecular es fabulosa.

Si se aísla una cantidad suficiente de un ARN mensajero determinado y se identifica la enzima que controla, ese ARN mensajero podrá utilizarse para identificar la molécula de ADN que lo formó. Se engancharía a la parte de un cromosoma aislado que fuera su complemento exacto y a la que se podría unir firmemente por enlaces de hidrógeno.

Entonces se podría pasar a trazar la exacta «Cartografía de los cromosomas». Naturalmente, ello no sería fácil. De todos modos, ya se ha empezado. En 1962, Robert S. Edgar, del Instituto de Tecnología de California, anunció haber localizado aproximadamente la mitad de los genes existentes en un virus determinado, al estudiar la naturaleza de la enzima producida por cada uno. Desde luego, Edgar no utilizó para este fin ARN mensajero sino técnicas más antiguas, basadas en mutaciones. Además, un virus sólo tiene un centenar de genes en total, mientras que el hombre puede tener hasta 150.000. De todos modos, *es* un comienzo. Por análogos medios, podrían llegar a identificarse todas las moléculas de ADN existentes en cada cromosoma.

A partir de aquí, los avances podrían continuar en distintas direcciones. Por ejemplo, podrían localizarse los cromosomas de células de distintos tejidos, a fin de resolver el irritante problema de qué es lo que hace a un tejido diferente de otro.

Al fin y al cabo, incluso un oragnismo tan complejo como el ser humano empieza su existencia como una simple célula fecundada; dotada, eso sí, de un doble lote de genes. De esta célula original proceden más de cincuenta billones de células humanas y, aunque el índice de proliferación parezca enorme, pueden producirse mediante sólo 47 divisiones sucesivas.

Pueden ustedes comprobarlo, considerando que, a la primera división, la célula original se convierte en dos. A la segunda división, éstas se convierten en cuatro. A la tercera, las cuatro células pasarán a ser ocho. Repitan la operación 47 veces, si tienen paciencia para ello, y anoten el resultado.

Los cromosomas se reproducen en cada caso, por lo que sería de esperar que todas las células del ser humano adulto tuvieran genes idénticos. Sin embargo, ello significaría que todos tendrían enzimas idénticas y, por lo tanto, mecanismos celulares y propiedades idénticas.

La realidad es muy distinta. Las células de cada órgano y de cada tejido de un órgano tienen su propia composición enzimática característica, sus facultades y sus propiedades. Una célula nerviosa, una célula muscular, una célula ósea, una célula renal, una célula de glándula salivar, distan 47 divisiones de un mismo óvulo fertilizado y, no obstante, son totalmente diferentes entre sí.

Hasta ahora no ha empezado a comprenderse, poco a poco, la base química de esta diferenciación de tejidos. Recientemente, aún no se sabía si los distintos tejidos se forman porque, en el curso de la división celular, determinados grupos de células pierden unos genes determinados o si cada célula contiene juegos de genes completos y neutraliza o inhibe la acción de algunos de ellos.

Los resultados de por lo menos dos experimentos realizados últimamente parecen apoyar la segunda alternativa. En la Universidad de Oxford, los investigadores mataban con rayos ultravioleta el núcleo de huevos de rana, que posteriormente eran sustituidos por núcleos de embrión de rana o, incluso, de sapo. Fue suficiente el treinta por ciento de los núcleos de los embriones para permitir la división de la célula del huevo y producir ranas adultas normales. El cuatro por ciento de los núcleos de las células intestinales de un sapo recién nacido hizo otro tanto. Por lo visto, pues, incluso después de bastante avanzado el proceso de diferenciación el núcleo de una célula de rana contenía todos los genes necesarios para producir una rana completa.

Aquí se acopla también el trabajo realizado por Ru-chih C. Huang y James Bonner en el Instituto de Tecnología de California. Estos dos investigadores estudiaron los componentes proteínicos de los cromosomas y descubrieron que, en algunos casos, podían aumentar la velocidad a la que se produce el ARN mensajero, al eliminar ciertas variedades de proteína existentes en el cromosoma. Por lo tanto, es posible que algunas proteínas actúen de «cerrojo» bloqueando la acción de determinadas moléculas de ácido nucleico. En tal caso, toda célula, por especializada que sea, puede seguir conteniendo todos los genes y poseer su propio cuadro de proteína de bloqueo que neutralice a determinados genes de las células nerviosas, musculares, etcétera.

De ser así, es posible que un día aprendamos a desbloquear los genes. Entonces, ¿no podríamos estimular el muñón de un brazo amputado a desarrollar un brazo nuevo, localizando sus células, haciéndolas trabajar y volviéndolas a neutralizar? ¿U obtener fragmentos de tejido embrionario o de óvulos fertilizados y *ponerlos a producir* sólo corazones o riñones para utilizarlos en los trasplantes?

Tampoco hay que pararse en la posibilidad de las reparaciones físicas. También podríamos corregir deficiencias generales, compensando desequilibrios hormonales o anulando por completo el peligro del cáncer.

En los cromosomas pueden detectarse la localización de las deficiencias que provocan determinadas enfermedades hereditarias y trastornos de los mecanismos químicos de la célula. Ello podría permitir el diagnóstico precoz de afecciones que generalmente se manifiestan a cabo de los años. Incluso podría ser posible detectar la presencia en un individuo de un defecto que, neutralizado en él por la presencia de una molécula de ADN normal en el cromosoma afectado, podría manifestarse en su descendencia.

Y también cabría esperar un futuro lejano en el que los individuos se sometieran periódicamente a los «análisis génicos» del mismo modo que hoy nos vacunamos. Ello podría

8 — 3960

conducir al desarrollo de una base racional de la eugenesia, es decir, la acción dirigida a eliminar los genes nocivos y fomentar la propagación de los saludables.

Tal vez el análisis génico masivo de la población nos dé algún día la información necesaria para descubrir la raíz física de las enfermedades mentales. Tal vez incluso lleguemos a descubrir las combinaciones de genes que determinan propiedades tales como la gran inteligencia, la creatividad artística y esas cualidades que constituyen la esencia de la Humanidad en su forma más noble y elevada.

¿Llegará entonces el día en que podamos alcanzar el supremo objetivo de gobernar nuestra evolución, inteligente y resueltamente, a fin de desarrollar una forma de vida mejor y más avanzada?

ÍNDICE DE MATERIAS

A

Acético, ácido, 61.
Acetileno, 54.
Adenílico, ácido, 143, 144, 208.
Adenina, 139, 140.
Adenina-tinina, enlace de, 166-168.
Adenosina:
— difosfato de, 179;
— trifosfato de, 145.
ADN, 138;
— código genético y, 182;
— mutaciones y, 175-179;
— nucleótidos del, 143;
— producción de ARN por, 181-182;
— purinas y pirimidinas del, 140;
— reproducción del, 169 y ss.
ADN:
— reproducción imperfecta de, 175 y ss.
— síntesis del, 179-180;
— tamaño del, 153.
Agua, 53.
Alanina, 78, 79.
Albinos, 44.
Alcohol metílico, 59, 60.
Allfrey, Vincent G., 195.
Almidón, 72.
Amida, grupo de, 62.
Amina metílica, 59, 60.
Aminas, grupo de, 60.
Aminoácido, 74 y ss.;
— activado, 208;
— cadenas secundarias de, 77;
— fórmulas de, 86, 87, 88;
— número de, 75.
Amoníaco, 55.
Anilina, 64, 65.

Anticuerpos, 41-42.
Arginina, 80, 82, 121.
ARN, 138;
ARN mensajero, 194 y ss.
— código genético y, 186, 187;
— cromosomas y, 186;
— microsomas y, 191;
— mitocondrias y, 190;
— nucleótidos del, 144;
— patrón, 194;
— purinas y pirimidinas del, 140;
— reproducción del, 181;
— ribosomal, 193;
— síntesis del, 179, 180, 181;
— síntesis de proteínas y, 185-187;
— soluble, 208;
— tamaño del, 153;
— transferencia de, 209.
Asparagina, 80, 81.
Aspártico, ácido, 78, 81.
Átomos, 50 y ss.;
— número de enlaces de, 51-53.
ATP, 145.
Avery, Oswald T., 12, 124.
Azúcares, 135.
Azufre, 49, 50.

B

Bacterias, 123.
Bacteriófagos, 125.
Beadle, George, W., 118, 119 y *n.*
Becquerel, Antoine H., 18.
Benceno, 62, 63.
Bonner, James, 224.
Braconnot, H., 74.

C

Carbohidratos, 36, 136.
Carbonilo, grupo, 60.
Carbono, 49, 50;
— bisulfuro de, 54;
— dióxido de, 54, 55.
Carboxilo, grupo, 61, 62.
Caseína, 131.
Catalasa, 152.
Catalizadores, 40.
Caucho, 72.
Célula espermática, 29;
— proteína de la, 120-121.
Células, 27 y ss.;
— ácidos nucleicos de las, 128, 186;
— división de las, 28;
— teoría de las, 14-15.
Celulosa, 72.
Cisteína, 80, 83;
— trío equivalente a, 214.
Cistina, 80, 83;
— cadenas polipéptidas y, 94.
Citidílico, ácido, 143, 144.
Citocromos, 152.
Citoplasma, 187 y ss.
Citosina, 139, 140.
Cochran, George W., 220.
Código genético, 119;

— ADN y, 182;
— ARN y, 186, 187;
— características del, 207;
— futuras aplicaciones del, 219 y ss.;
— solución del, 210 y ss.
Coenzimas, 145.
Colágeno, 89.
Compuestos, 51.
Corey, R. B., 161.
Crick, Francis H. C., 158, 161 *n.*
Cromatina, 28.
Cromatografía sobre papel, 101-102.
Cromosomas, 28, 118;
— ácido nucleico de los, 38;
— ADN de los, 138;
— ARN de los, 186.
— células espermáticas y, 29.
— código genético y, 96;
— herencia y, 28-29;
— genes y, 30.
— las enfermedades y los, 31;
— proteína de los, 36, 120-121.

CH

Chargaff, Erwin, 155.
Chase, M., 125.

D

Darwin, Charles R., 14.
De Vries, Hugo, 30.
Desoxiadenílico, ácido, 144.
Desoxicitidílico, ácido, 144.
Desoxiguanílico, ácido, 144.
Desoxirribonucleico, ácido, 138.
Desoxirribosa, 137.
Desoxitimidílico, ácido, 144, 145.
Diabetes:
— insípida, 104;
— mellitus, 107-108.
Diferencial, tejido, 224-225.
Dintzis, Howard M., 209.
Dipéptidos, 91.
Disulfuro, grupo, 61.
Du Vigneaud, Vincent, 102, 103 *n.*

E

Edgar, Roberts S., 223.
Edison, Thomas A., 17.
Elementos, 49 y ss.;
— símbolos de los, 50.
Enlaces químicos, 52 y ss.
Enzimas, 40, 98;
— genes y, 118, 119;
— herencia y, 44, 45;
— ribosomas y, 192.
Etileno, 54.
Evolución, 14-15.

F

Fenilalanina, 84, 88;
— trío equivalente a la, 211.

Fenilalaninasa, 45.
Fenol, 64.
Fischer, Emil, 90, 94, 100, 136, 139 *n.*
Fleming, Walther, 28.
Formaldehído, 54.
Fórmulas:
— empíricas, 55;
— en zigzag, 77 y ss.;
— estructurales, 53 y ss.
Fosfáticos, grupos, 133 y ss.
Fosfoproteínas, 134.
Fosfórico, ácido, 132.
Fósforo, 50, 125, 131 y ss.
Fosfoserina, 134.
Fraenkel-Conrat, Heinz, 126.
Fructosa, 135.
Furano, 65, 66.

G

Galactosa, 135.
Galileo, 13.
Gelatina, 74, 89.
Genes, 26;
— cartografía de los, 223;
— cromosomas y, 30;
— formación de enzimas y, 118, 119;
— inhibición de los, 225;
— número de, 30.
Genética, 25.
Gérmenes, teoría de los, 14.
Glicilglicina, 90.
Glicina, 73, 74, 78;
— combinaciones de la, 90, 91.
Glicinamida, 103.
Glicoproteínas, 152.
Glucosa, 72, 135.
Glutámico, ácido, 78, 81.
Glutamina, 80, 81.
Goddard, Robert H., 18.
Guanido, grupo, 80 *n.*
Guanílico, ácido, 143, 144.
Guanina, 139, 140.
Guanina-citosina, unión, 167, 168.

H

Hemoglobina, 37, 151-152;
— variaciones estructurales de la, 110.
Herencia, 25 y ss.;
— enzimas y, 44, 45.
Hershey, Alfred, D., 125.
Hidrocarburos, 57.
Hidrógeno, 49, 50.
— cianuro de, 55, 56;
— enlace de, 99;
— molecular, 55;
— sulfuro de, 55.
Hidroxilo, grupo, 60.
Hidroxiprolina, 85, 88.
Histidina, 84, 86.
Histona, 121.
Hoagland, Mahlon, B., 208.
Hormonas, 103.
Huang, Ru-chih C., 224.
Hurwitz, Jerard, 210.

I

Imidazol, 66.
Indol, 67.
Insulina, 102, 220;
— variación estructural de la, 108, 109.
Isoleucina, 78, 79.
Isooctano, 56, 57.
Isopreno, 72.

K

Kendrew, John C., 111, 112 *n.*
Kornberg, Arthur, 180, 180 *n.*
Kossel, Albrecht, 120, 121 *n.*, 139.

L

Lactosa, 135.
Lavoisier, Antoine L., 13.
Lecitina, 131.
Leucina, 75, 78, 79.
Lovene, Phoebus A. T., 136, 142, 146, 152.
Lípidos, 36.
Lisina, 80, 82.

M

MacLeod, Colin M., 124.
Macromoléculas, 72.
Martin, A. J. P., 101, 102 *n.*
Matthaei, J. Heinrich, 210.
McCarty, Maclyn, 124.
Mendel, Gregor, 25, 26.
Mercaptán metílico, 59, 60.
Metano, 53.
Metílico, grupo, 58.
Metionina, 80, 83.
Microsomas, 190.
Miescher, Friedrich, 37-38.
Mioglobina, 111.
Mirsky, Alfred E., 195.
Mitocondrias, 189.
Mitosis, 28.
Moléculas, 51;
— gigantes, 71 y ss.
Mongolismo, 31.
Muller, Hermann J., 118, 119 *n.*
Mutaciones, 30, 175 y ss.
Mutagénico, agente, 177.

N

Newton, Isaac, 13.
Nirenberg, Marshall W., 210, 211.
Nitrógeno, 49, 50;
— molecular, 55, 56.
Novelli, G. David, 210.
Nucleico, ácido, 38;
— azúcares del, 136;
— código genético y, 122;
— estructura helicoidal del, 159 y ss.;
— filamentos complementarios del, 169 y ss.;

— formación de proteínas por el, 126;
— fósforo del, 131;
— purinas y pirimidinas del, 155 y ss.;
— variaciones del, 153 y ss.;
— virus y, 124-125, 126-127.
Nucleína, 38.
Núcleo, célula, 27 y ss.
Nucléolo, 186.
Nucleoproteína, 38;
— reproducción y, 38.
Nucleótido, 143, 144.
Nilón, 92.

O

Ochoa, Severo, 179, 180, 214.
Octano normal, 57.
Oersted, Hans C., 17.
Oligofrenia fenilpirúvica, 45.
Óvulo:
— célula del, 29;
— fecundado, 29.
Oxígeno, 49, 50;
— molecular, 55, 56.
Oxitocina, 102;
— aminoácidos de la, 104-105.

P

Palade, George E., 191.
Partículas, célula, 189-190.
Pasteur, Louis, 14.
Pauling, Linus B., 161, 161 *n.*
Péptidos, 91;
— uniones de los, 91.
Peroxidasa, 152.
Perutz, Max F., 111, 112 *n.*
Pirimidinas, 66, 67, 138 y ss.
Pirrol, 65, 66.
Poliadenílico, ácido, 179, 211.
Poliglicina, 91, 92.
Polinucleótidos, estructura, 146, 147.
Polipéptidos, 92, 93.
Prolina, 88.
Protamina, 121.
Proteína, configuración de la, 97 y ss.
Proteínas, 36 y ss.;
— ARN y, 185-187;
— configuración de las, 97 y ss.;
— configuración cadenas secundarias de las, 98 y ss.;
— conjugadas, 37;
— desnaturalización, 36, 100;
— esperma, 120-121;
— estructura atómica de las, 112;
— estructura helicoidal, 159-161;
— grupos prostéticos de las, 151;
— orden de los aminoácidos en las, 102;
— piezas de, 74 y ss.;
— simples, 37;
— síntesis de las, 103, 209-210.

— variedades de, 39 y ss., 112 y ss.
Proteínas:
— virus y, 125.
Purinas, 67, 138 y ss.

R

Radiación de la enfermedad de la, 177-178.
Rayos X, difracción de los, 158.
Replicación, 28.
Ribonucleico, ácido, 138.
Ribonucleasa, 111.
Ribosa, 136.
Ribosomas, 191.

S

Sanger, Frederick, 102, 102 *n.*
Sacarosa, 135.
Schleiden, Matthias, J., 14.
Schwann, Theodor, 14.
Seda, 92.
Serina, 78, 80.
Stanley, Wendell, 38, 38 *n.*
Synge, R. L. M., 101, 102 *n.*

T

Tatum, Edward L., 118, 119 *n.*
Tautomerismo, 141.
Tetranucleótidos, 152.
Timina, 139, 140.
Tiol, grupo, 60.
Tirosina, 84;
— trío equivalente a, 214.
Todd, Sir Alexander R., 142, 144 *n*, 146.
Tolueno, 65.
Treonina, 78, 80.
Trinucleótidos, 202 y ss.
Tríos:
— diccionario de los, 210 y ss.;
— nucleótido, 202 y ss.
Triptófano, 84, 86.

U

Uracilo, 139, 140;
— tautomerismo del, 141.
Uridílico, ácido, 143, 144.

V

Valina, 78, 79.
Vasopresina, 102;
— aminoácidos de la, 103-104;
— variaciones estructurales de la, 105, 106.
Virus, 38, 193;
— ácidos nucleicos de los, 138;
— estructura de los, 124 y ss.

Virus:
— genes de los, 223;
— reproducción y, 38;
Virus del mosaico del tabaco, 138, 181;
— síntesis del, 220-221.

W

Watson, John D., 158, 161 *n.*
Wilkins, M. H. F., 158, 161 *n.*
Wright, hermanos, 18.

Este libro se imprimió en los talleres
de GRÁFICAS GUADA, S. A.
Virgen de Guadalupe, 33
Esplugues de Llobregat.
Barcelona